基建大百科
一看就懂的身边工程图解

Engineering in Plain Sight
An Illustrated Field Guide to the Constructed Environment

［美］Grady Hillhouse ◎著

徐小刀◎译

電子工業出版社·

Publishing House of Electronics Industry

北京·BEIJING

版权贸易合同登记号 图字：01-2024-5059

图书在版编目（CIP）数据

基建大百科：一看就懂的身边工程图解 /（美）格
雷迪·希尔豪斯（Grady Hillhouse）著；徐小刀译.
北京：电子工业出版社，2024. 11. -- ISBN 978-7-121-
48981-5

Ⅰ．TU-49

中国国家版本馆 CIP 数据核字第 2024PW7338 号

责任编辑：张春雨
印　　刷：北京利丰雅高长城印刷有限公司
装　　订：北京利丰雅高长城印刷有限公司
出版发行：电子工业出版社
　　　　　北京市海淀区万寿路 173 信箱　　邮编：100036
开　　本：787×980　1/16　印张：14　　字数：286 千字
版　　次：2024 年 11 月第 1 版
印　　次：2025 年 1 月第 3 次印刷
定　　价：89.00 元

凡所购买电子工业出版社图书有缺损问题，请向购买书店调换。若书店售缺，请与本社发行部联系，联系及邮购电话：（010）88254888，88258888。

质量投诉请发邮件至 zlts@phei.com.cn，盗版侵权举报请发邮件至 dbqq@phei.com.cn。

本书咨询联系方式：faq@phei.com.cn。

致 *Crystal*

推荐序

在这个日新月异的时代，基础设施如同世界的骨架，支撑着现代社会的繁荣与发展。然而，当我们享受电力、通信、道路等带来的便利时，又有多少人真正了解我们身边这些常见的基础设施呢？今天，我要向大家推荐的这本书——《基建大百科》，正是这样一本揭示基础设施结构、展现工程魅力的佳作。

其实我很早就是这本书原作者 Grady Hillhouse 的粉丝了，他在 YouTube 的频道"实用工程"我几乎每期必看，同样是科普工作者，我非常欣赏他讲解知识的方式。他的视频经常借助自己搭建的实验模型来解释工程原理，让科普知识变得有趣、生动。这种科普方式让我受益匪浅，我不仅学习到了自己很感兴趣的工程知识，也逐渐开始将他这种有趣的讲解方式应用到了我自己的科普工作当中。但视频存在局限性，很难让科普知识呈现出系统性，我想这也是他创作这本书的初衷——让读者通过图书系统地了解身边最常见基础设施的结构和原理。

第一，作者以清晰的图片作为基础，展示了基础设施最关键的结构，并用深入浅出的语言，将复杂的基建知识化繁为简，让读者在轻松愉快的阅读中领略到基建的魅力。第二，书中不仅详细介绍了各种基建工程的结构组成、设计原理、施工过程和技术创新，还通过丰富的案例展示了基建中最令人意想不到的巧思。无论是宏伟壮观的桥梁、四通八达的交通网络，还是隐蔽的通信设施和下水管道，都在书中得到了生动的呈现。总的来说，本书让人在增长见识、拓宽视野的同时，能够深刻感受到基建事业的伟大和崇高。

我很欣赏作者常说的一句话，用侦探的视角去了解基础设施。当看到一个建筑结构时，我们可以像侦探一样，通过这个结构的各个细节去探究其功能和原理。这是一件既有意义，又充满挑战的事情，有助于培养个人的创新意识和实践能力，从而能够通过关注身边的基建现象，思考如何运用所学知识解决实际问题。这种寓教于乐的方式，无疑将激发更多人对基建事业的热爱和追求。

本书的译者徐小刀是我多年的好友。除了同样是一名科普博主，他还是一名不折不扣的土木工程师。在翻译过程中，他对中西方在基建上的差异，给出了详细的注释，对一些专业词汇进行了深入调研，以确保准确翻译，给大家呈现相对完美的中文科普知识。

总之，《基建大百科》是一本集知识性、趣味性和启发性于一体的优秀作品。无论你是从事基建工作的专业人士，还是对基建感兴趣的普通读者，都能从中获得宝贵的启示和收获。衷心推荐这本书，相信大家在阅读时一定会被其中的精彩内容所吸引，进而对基建事业产生更加深厚的感情。

推荐人：科学火箭叔

科普作家

主理媒体账号"科学火箭叔"

全网超 400 万名粉丝的硬核科普创作者

擅长用通俗有趣的方式，讲解科学与科技背后的故事

译者序

现代文明以钢筋水泥为笔，勾勒出城市与乡村的轮廓，让每一个角落都镌刻着工程学的精妙与智慧。Grady Hillhouse 先生所著之 *Engineering In Plain Sight*，恰似一座桥梁，跨越语言与文化的界限，将那些日常而又非凡的基础设施图文并茂地呈现于世人眼前。有幸翻译先生著作，携中文译作《基建大百科》与诸位相见，共同探索那些隐藏于生活细微之处的工程奥秘。

本书以其独特的视角，引领读者步入一个既熟悉又陌生的世界——从头顶交织的电网到脚下延伸的道路，从横跨江河的桥梁到深入地下的隧道，从远方巍峨的大坝到眼前精巧的市政管网，每一页书写都是对工程技术的一次深情致敬。八个章节，八大领域，如同八部生动的纪录片，逐一揭开基础设施神秘面纱，让工程原理跃然纸上，设计巧思触手可及。

翻译此书，对我而言，既是挑战，亦是享受。最大的挑战，莫过于如何在保持原著精髓的同时，精准转译那些专业术语，使之既能反映工程学的严谨，又能贴合中文语境下的表达习惯。为此，我深入研究了各个相关领域的专业知识，即使达不到"信、达、雅"的境界，也力求每一个词汇都能专业、准确。同时，为了帮助读者更好地理解基建上的中西方差异，我在译文中适当地增加了注释，希望能搭建起一座沟通的桥梁，让知识的传递更加顺畅无阻。

纵使作为一名土木工程师，我也无法精通书中所述的各个领域，在此过程中，我得到了很多工程师好友的帮助，翻译、编辑乃至出版的每一步都凝聚了众多专业人士的心血与汗水，本书的中文版本也因之增色不少。在此，特别感谢为此付出的朋友们，是你们的专业见解与无私支持，让这本书得以以更加完美的姿态呈现在读者面前。

阅读《基建大百科》不仅是一次知识的传递，更是一场心灵的旅行；我们得以在日常的行色匆匆中停下脚步，以一种全新的视角审视那些构成我们生活基石的工程奇迹。愿每一位读者在阅读之后，不仅能收获关于基建的知识，更能燃起对科学探索的热情，重拾对生活细节的好奇，以及对人类智慧无限的敬意。

由于译者水平有限，错误在所难免，敬请读者批评指正。

徐小刀（原名徐大海）

高级水利水电工程师（注册土木工程师、咨询工程师）

工程基建领域知名科普博主，主理媒体账号"工程师徐小刀"

前言

2009年年中，世界刚刚摆脱自20世纪30年代以来最严重的经济危机，我以文学学士的身份离开大学，谋生的前景一片黯淡。为了避免在可怕的求职市场不断试错，我决定接受继续教育，再在个人教育上花费一些时间和金钱。面对学士学位难以保证就业的现实，我仔细考虑了我的各种兴趣及其对应的职业前景，朝着更可靠、更明确的方向重新规划我的职业道路。最后，我选择了土木工程专业，一个我几乎一无所知，但看上去靠谱且会让人为之振奋的学科。令我惊喜的是，我被我首选的院校录取了，并在那年秋季开始学习。

在完成了研究生阶段所需的基础数学和科学课程后，我开始学习与工程相关的课程。我一直对科学、技术及其工作原理很感兴趣，正因如此，在接下来的学习中，我开始用另一个视角观察这个世界。结构设计课让我更加关注每座建筑物中的梁和柱；电路实验课让我关注电力传输线路和变电站的细节及复杂性；排水工程课使我在骑车或开车穿过城市时，都会去关注每一个排水沟、井盖、渠道和蓄水池。每一门课都像一盏明灯，照亮了我从未注意过的那些建筑细节，我被深深地迷住了。

完成学业后，我不仅找到了工作，还开始用全新的方式看待这个世界。对基础设施的热情和兴奋，很快就充盈着我的个人生活，当然也包括我的YouTube频道。最初，这个频道只是用来和大家分享我的木工项目的，但慢慢地，它变成了我向全世界介绍工程话题的平台。现在我全职制作我的"实用工程"（YouTube频道名称）系列科普视频，每月都有数百万次的播放量。

即使是建筑环境中最不起眼的结构，可能也是无数个现实工程难题的解决方案。哪怕只是理解这些难题及其解决方案的一小部分，也会让我为之惊叹和敬畏，而且这种感觉挥之不去。现在，我的人生就像一次寻宝之旅，让我在建筑的世界中发掘那些有趣的细节。在公路行程中，每当经过大坝和桥梁时，我都会驻足观看、拍照记录，这让与我同行的妻子有些抓狂。每当在散步中注意到一些新的或不同的基础设施时，我经常会迷失其中。我还感觉自己大脑中有一个部分，专门负责跟踪雨水沿着地面流动的路径，无论我在哪里或在做什么。工程学打开了我的眼界，让我逐渐认识围绕和支撑现代生活的所有基础设施。如果这本书能传达一些我的热忱，那么我就成功了。

这本书并不是一本全面的专业指南，基础设施的形态多种多样，在世界各地都有所不同。这本书聚焦于美国，但即使是在美国不同的州、县和城市，建筑物看起来可能也大不相同。把这些建筑全部记录下来是不切实际的，而且这样做会破坏乐趣。我认为探索基础设施的乐趣之一，就是在偶然间发现各种建筑的细节时，运用"侦探"技巧去推理其用途。我希望接下来的内容也能够激发你的乐趣，并让你在未来的漫长旅程中成为基础设施的热心观察者。

格雷迪·希尔豪斯

目录

电网

简介

利用电力是人类最伟大的成就之一。100 年前还是奢侈品的电力，现在几乎已经成了为所有人带来安全、繁荣和福祉所必需的关键资源。在不太遥远的过去，人力和畜力几乎是唯一的动力，繁重的劳动全靠生命体的力量完成，也难怪人类一直在试图控制非人力所能及的力量。如今，从最基本的生活需求，到最尖端的技术，"能源"几乎给当代世界的所有事物都赋予了新的生命。

根据利用、存储、分配和使用方式的不同，能源有许多种不同的形式。几乎地球上的所有能源都可以追溯到太阳，太阳能是一种可以直接利用的能源，风能和海浪产生的能源也是经由大气被太阳"加热"而形成的。甚至像汽油这样的化石燃料，其能量也来自太阳——史前植物通过光合作用捕获太阳能，随后被埋藏了数百万年，后来通过人类的钻井开采和提炼，在发动机中燃烧，将太阳能又释放到地球上（同时产生许多有害产物）。为了方便使用，人类将能量转换为很多形式，但没有什么能量形式比电能更加优秀，它使我们每个人都能拥有自己的能源。

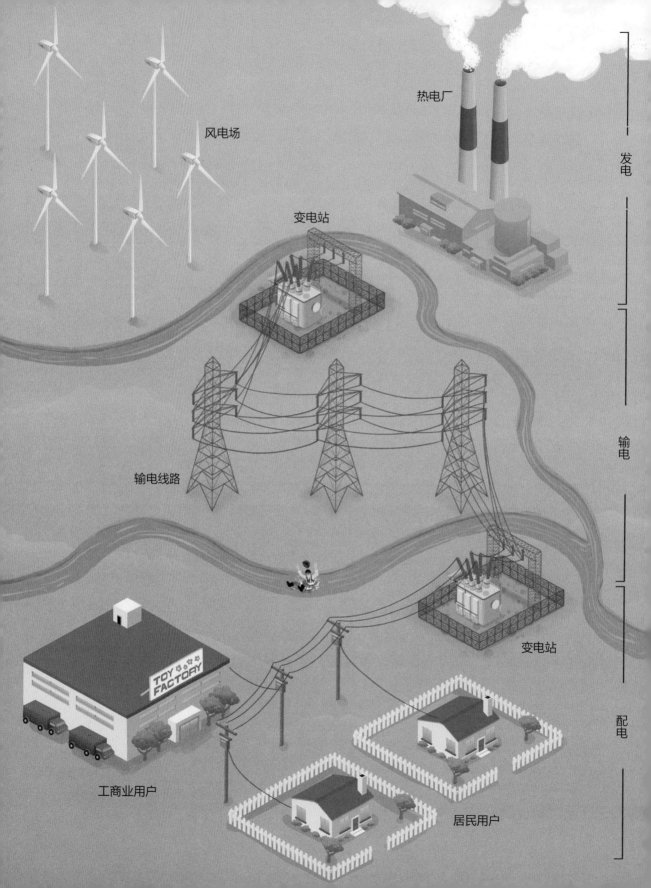

风电场

热电厂

发电

变电站

输电线路

输电

TOY
FACTORY

变电站

工商业用户

居民用户

配电

什么是电网

电与其他所有能源形式大不相同，我们无法用手摸到它，也无法直接看到它。然而，电可以瞬间完成令人难以置信的工作，从物理做功到计算操作，几乎无所不能。与燃料等有形的能量载体不同，电的存在更加短暂，而且只需金属导线就可以传输。将电力从一个地方传输到另一个地方的需求催生了电网，一个巨大的、连接电力生产者和电力用户的网络。电网规模有多大呢？大到五个主要电网就覆盖了整个北美洲，还有很多大型电网甚至横跨多个国家。

总体来说，电力通过电网传输的步骤可分为三部分——**发电**（电力生产）、**输电**（将电力从发电厂输送到人口稠密地区）和**配电**（向每个用户配送电力），**变电站**是这几个部分之间的连接点。建立这种大规模互联电网解决了许多问题，它允许更多的电力消费者和生产者共享昂贵的基础设施，这提高了能源利用效率，而且电力可通过电网的不同路径到达各个位置。当个别发电厂停用时，其他发电厂可以随时顶上，这提高了电力的可靠性。当然，电网互联还有助于平滑电力潮流[1]。

与其他公用事业不同，电的大规模储存非常困难[2]，这意味着电力的生产、输送、供应和使用必须在同一时刻完成。流过你家里或办公室的电线中的电能，在几毫秒之前还是太阳能板上的一缕阳光、核反应堆的一颗铀原子，或蒸汽锅炉中的一些煤块或天然气。单个家庭用户使用的电力可能是断断续续的，但连接的用户越多，用电的高峰和低谷就会越平滑。

让庞大的、通用的电网适用于每一类电力用户和电厂并不是一件简单的事情。可以将电网想象为爬坡的货运列车，其中每个机车代表一个发电站，而货物代表用电需求。所有机车必须精确地同步工作，以共担负载，如果其中一个机车比其他机车快或慢，那么整列列车都可能会被拖累。更具挑战性的是，电网需求随时间的持续变化呈现明显的高峰段和低谷段。用户可以随意开关电器，而无须通知电力公司。白天人们在大量用电时创造了用电需求高峰，尤其是在遇到异常炎热或严寒的天气时，人们大量使用空调或暖气，用电高峰会更加明显。为避免电力供应不足或停电，发电量必须相应地增加或减少，以匹配电网

---

1 电力系统在运行时，受电源的激励，电流或功率从发电源点出发，通过系统的各个组成部分，如输电线路和变压器，最终流向负荷点，并在电力网络的各个节点和支路中形成稳态分布，这一过程被称为电力潮流。——译者注（后文若非特殊说明，均为译者注）

2 电能的储存方式包括化学储能（如锂电池）、机械储能（如抽水蓄能）等，但目前各种电能储能方式达到的能量密度很低，对于整个电网来说非常有限，所以一般认为电是无法大规模储存的。

的用电需求。这个过程被称为源随荷动，就像机车根据途中坡度的变化调节油门一样。

不同类型的电力用户以不同的方式用电。**工商业用户**根据电价波动调整用电时段，而且为了使用较为便宜的电，他们通常在夜间运行机器。**居民用户**（用电的电价通常是固定的）可能较少关注电网需求的起伏，一般在什么时间有需要就在什么时间用电。

同样，不同类型的发电厂以不同的方式发电。太阳能发电厂在阳光充足时大量发电，在夜间时则不发电。**风电场**根据风况发电，其发电量在风力强劲、稳定时达到高峰。核电站发电较为稳定，几乎很难快速增减发电量，而燃煤或天然气等**热电厂**可根据需求的变化，在一定范围内调整发电量。水电站发电量的调节最为灵活，通常在几秒或几分钟内就能启动或停止发电。

电网调度机构会对发电出力和负荷需求进行详细预测，以确保维持两者之间的平衡。它们还需要考虑何时安排发电厂和**输电线路**进行运维和检修，也需要在设备因损坏或发生其他故障而突然停运的情况下快速响应和调整。它们朝着最好的结果努力，但会做最坏的打算，同时充分考虑所有发电厂和用户的能力和限制。如果出现最坏情况，以致电力无法满足需求，那么电网调度机构将要求部分用户暂时断电（被称为负荷削减），以降低用电需求，避免电力系统全面崩溃。为了减少停电带来的不便，断电通常会以 15 至 30 分钟为间隔轮流进行，因此常被称为轮流停电。

要在广阔的区域实现发电、输电、配电，各种类型的电力设备是必不可少的。值得注意的是，大多数电力设备基础设施都是暴露在户外的，所有人都可以轻易地观察到。我有时看似在对着天空发呆，实际上是在观察电线杆的顶端。无论在哪里，你几乎都能看到电网的每一个重要组成部分，本章余下内容将带你近距离观察维持电的传输过程及传输所需的电网设备。

注意看

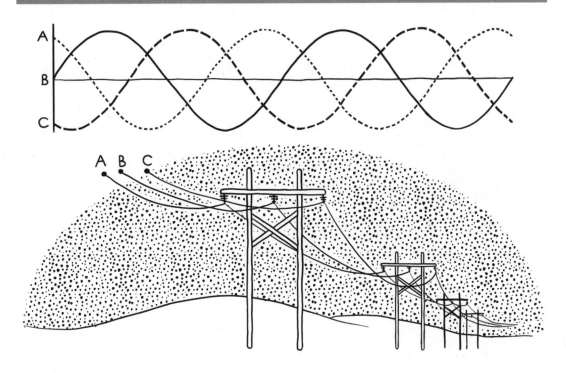

　　与单向恒定电流（也被称为**直流电**或 **DC**）不同，绝大多数电网使用的交流电（被称为 AC）的电压和电流方向不断变换。交流电的好处是可以使用变压器来轻松升高或降低电压，在北美洲，这种变换每秒发生 60 次[1]，以至于电力基础设施都有那种熟悉的嗡嗡声。交流电通常在三条独立的线路（即三相线）上生成和传输，三相有时分别被标注为 A 相、B 相和 C 相，每相的电压与其相邻相都有偏差。三相发电机可提供平滑的、电压交替变化的电，因此不存在所有相电压同时为零的情况。三相供电相比单相供电，可以使用更细的导线来传输相同电量，因此也更经济。你会发现几乎所有的电力基础设施都是以三个为一组出现的，每组中的每根导线或设备都有一个独立的相。

---

1 在中国，交流电频率为 50Hz，即每秒变换 50 次。

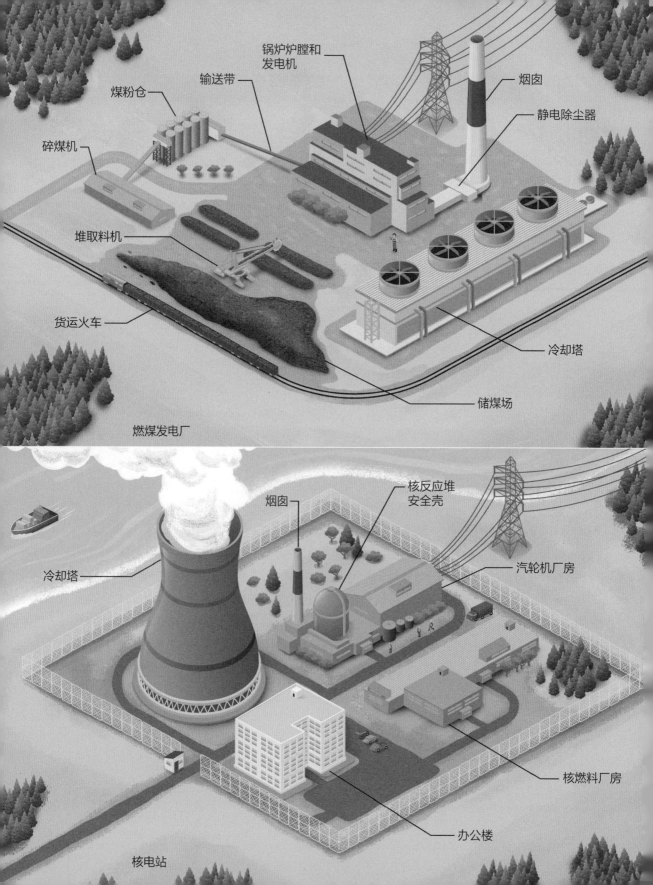

煤粉仓

输送带

锅炉炉膛和
发电机

烟囱

静电除尘器

碎煤机

堆取料机

货运火车

冷却塔

储煤场

燃煤发电厂

冷却塔

烟囱

核反应堆
安全壳

汽轮机厂房

核燃料厂房

办公楼

核电站

热电厂

发电是电力通往电网之旅的第一步，这趟旅程或许有数百或数千米，但电力传输却几乎在瞬间发生。所以，尽管我们大多数人的家门口没有发电厂，但是我们却与连接到电网的每一座发电厂都有直接的联系。发电厂的类型有很多种，每种都有明显的优势和劣势，但它们都有一个共同点：从自然环境中获取某种能量，并将其转换为电网可用的电能。有一类发电方式就是换着花样烧开水，烧开水的热量产生蒸气，蒸气通过汽轮机，带动连接到电网的交流发电机进行发电，这就是**热电厂**工作的原理。基于交流电的特性，汽轮机的转动频率与电网其他部分的频率必须精确同步。

大多数热电厂都是封闭的复杂工业设施，为了防止人们靠近，许多热电厂甚至还有严密的安保系统。不过，只要在经过高速公路时透过车窗或在乘坐飞机时透过飞机舱窗往外看，仔细留意大规模的高压线汇集处，或者有独特的高耸**烟囱**伫立之处，你还是可以看到它们。特别留意城市附近的湖泊也有助于发现它们的踪迹，因为有时热电厂需要湖泊提供冷却水。更详细的热电厂工作原理讲起来过于生硬，本书不做进一步解释。仅仅是观察和理解热电厂外部的结构和装置，就会让人着迷。

大量的电力源于化石燃料，比如煤或天然气。虽然，其他燃料变得更清洁且更便宜，对整体发电的重要性也有所提升，**燃煤发电厂**已经不那么常见了，但煤炭发电仍占整体发电很大的比例。燃煤发电厂易于识别，因为它们的可见基础设施大多数都与煤的处理有关。这些工厂每天要处理和燃烧数以千吨计的燃料，因此需要用大量的设备来装卸、储存、粉碎煤，以及将煤输送到**锅炉炉膛**。

除非燃煤发电厂厂区毗邻煤矿产地，否则运输如此多的燃料还需要依赖**货运火车**。复杂的铁路网通常环绕这些电厂，以便频繁、高效地运输煤炭。当没有可达的铁路时，卡车或驳船也会经常被用于运输煤炭。**堆取料机**是用于处理大量煤炭的大型可移动输送带，它们在固定轨道上行驶，利用臂架堆积和取用煤炭。燃煤发电厂通常会囤积几周的燃料量，以确保燃料供应在遇到暂时中断时，仍能正常维持。

与家庭后院烧烤用的大块木炭不同，大多数燃煤发电厂燃烧的是源源不断的细煤粉。因为煤在运输时是块状的，所以从储煤场被取出后，它们必须先进入**碎煤机**，粉碎后的煤才能充分地燃烧。在处理煤的每个步骤之间，加了盖的大型**输送带**被用于输送煤。**煤粉仓**可以暂时储存煤粉，以免煤粉受外界环境的影响，煤炭将在这里结束它的旅程，最终进入锅炉炉膛。

天然气发电厂（在前文的图片中未示出）与燃煤发电厂的明显区别是它没有处理煤炭的设备。再加上天然气管道通常被埋于地下，所以从外观来看，天然气发电厂通常更简单，体积也更小。

无论是在燃煤发电厂还是在天然气发电厂，化石燃料燃烧产生的气体都统称为**烟气**。烟气中含有煤灰和氮氧化物等有害污染物，会危害人类和动物的健康。因此，各类环境法规都要求，在把烟气排放到大气中之前，必须去除其中的有害污染物。许多不同的设施可用于去除烟气中的有害污染物，包括用织物滤袋做成的**布袋除尘器**，通过静电捕获颗粒的**静电除尘器**，以及通过喷洒细小水雾捕获粉尘的**湿式除尘器**等。经过这些设施的处理后，烟气可以通过烟囱排放。尽管这些高耸的烟囱不直接净化烟气，但它们可以使烟气排放得足够高，通过扩散来稀释污染，毕竟稀释也是解决污染的方法之一。

另一种热电厂不依赖燃料的燃烧，而是依靠精准控制放射性物质的裂变来获得热量，它就是**核电站**。裂变过程发生在核反应堆中，从核电站外部通常只能看到一个带圆形穹顶的**核反应堆安全壳**。安全壳是核反应堆外部覆盖的一层加厚混凝土，用于预防自然灾害或破坏行为。独立的**核燃料厂房**用于接收、检查和储存核燃料。办公室和控制设备通常位于一栋远离燃料和发电设备的**办公楼**内。核电站有时也有烟囱，但它不是用于排放烟气的。在一些核反应堆中，水与放射性燃料直接接触后产生蒸气[1]，以驱动**汽轮机厂房**中的汽轮机，同时产生一些具有轻微放射性的氢气、氧气等气体。一些核电站中高大、孤立的烟囱就被用于排放这些气体[2]。

---

1 核反应堆产生蒸气的方式有很多种，一种如文中所述，直接让水与核燃料接触产生蒸气，这个过程产生的沸水的结构被称为沸水堆。日本福岛核电站事故的发生，恰恰与沸水堆这种结构型式有很大关系。目前，沸水堆不再是核电站用于产生蒸气的主流形式。我国的核电站以压水堆为主，采用核燃料加热一回路水，高压高热的一回路水在蒸汽发生器里加热二回路水，通过二回路水产生蒸气。压水堆的结构更复杂，但安全性更高。

2 并不是所有的放射性气体都需要排放，烟囱里排出的只是部分逸出的工业废气，这些废气在被排放前也需要经历严格的处理环节。

注意看

核电站的标志性特征是散发不明云团的**冷却塔**[1]，实际上，这种气体只是水蒸气而已。几乎所有热电站都使用冷却塔。通过汽轮机的水蒸气，需要用一个独立的水循环系统来冷却、凝结。然而，吸收了如此多的热量的冷却水，不能被立刻排回自然环境中，因为会对水生生物带来伤害。所以，在水被排放或被重新使用之前，使用特殊的装置来对其进行冷却是必要的。常见的巨大水泥冷却塔的底部是敞开的，利用自然进入的气流进行冷却。较矮的箱型装置则使用风扇冷却。在这两种情况下，你都可以看到水向塔底喷洒而下，以加速蒸发。同时产生的部分水蒸气从冷却塔顶逸出，这就是我们看到的不明云团。

---

1 我国大部分核电站没有冷却塔，主要是因为我国的核电站基本都是滨海电站，可以靠大量的海水参与冷却。如果是内陆核电站且水资源及排放条件有限，冷却塔就必不可少了。

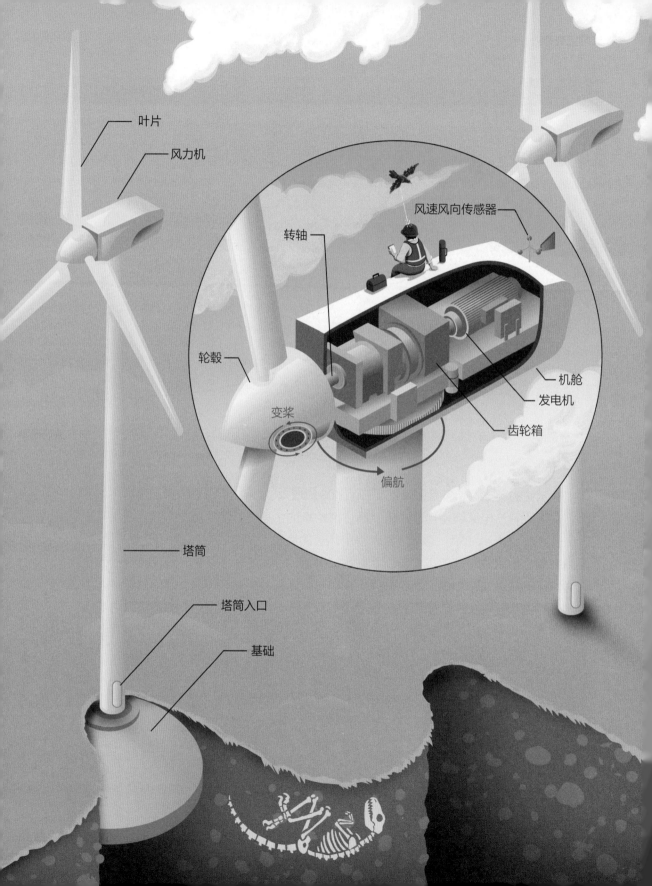

叶片

风力机

转轴

风速风向传感器

轮毂

变桨

偏航

机舱

发电机

齿轮箱

塔筒

塔筒入口

基础

风电场

风电场由多台可以捕获风能并将其转换为电力的风力机组成。在某种程度上，风力机利用的也是太阳能，因为风也是由大气层被太阳照射带来的冷热循环产生的。由于我们无法决定何时刮风，所以风电场不如热电厂可靠。在有大量风力机的区域，电网运营商不仅要根据天气预报来预测用电量，还要预测发电量。与煤、天然气和铀不同，风是完全免费的，无论是否有风力机获取其能量，它都会照刮不误。所以，利用这样的资源非常明智，而且如今风电场已经成为能源结构中比较经济、清洁的一个组成部分。

风力机在历史上有各种各样的形状和尺寸，但现在世界各地的**风力机**已趋于统一。风力机设计的特点是水平轴风力机被置于高大的钢制**塔筒**顶部，配有三片细长的复合材料**叶片**，为了便于辨识，叶片通常都会被涂成白色。风力机显得既时尚又笨拙，如果不知道它们是用于发电的，那么你可能会误以为那是点缀景观的现代艺术品。塔筒一般被固定在深埋地下的大型混凝土基础上，一般都是中空的，底部有一个**入口**，供维护工人进出，内部有一架直通风力机顶部的梯子。混凝土**基础**的设计可以防止塔筒在恶劣风况下倾倒。

公用事业规模的单台大型风力机装机容量通常在 1MW ~ 2MW，最大的超过 10MW [1]，一台风力机足以为 5000 户家庭供电。从外观上看，你可以看到带有叶片的**轮毂**和**机舱**，机舱是风力机和其他设备的外部保护壳。机舱内有**转轴**、**齿轮箱**、**发电机**和其他设备。

风力机的每个设计细节都旨在尽可能多地捕获风能。影响风力机效率的一个重要因素是叶片的旋转速度：如果转速太慢，大量的风就会从叶片的间隙中流失，进而不提供任何动力；如果转速太快，叶片又会阻挡风的流动，从而减少捕获的动力。记得小时候去参观风电场，我曾试图追逐叶片在地面上的阴影，一点一点地朝阴影的中心移动，直到跟上它的转速。事实证明，当叶片尖端的速度约为风速的 4 至 7 倍时，风力机效率最高。由于大型风力机的叶片更长，所以它们转得更慢，以使叶片尖端的速度接近理想范围。儿时的我以为这些叶片转得已经足够快了，但其实发电机转子需要转得更快才能有效运转并跟上电网的交流频率 [2]。大多数风力机使用齿轮箱进行变速，将叶片的缓慢转速转换为适合发电机的转速。

---

1 目前全球最大的风力机，单台装机容量为 16MW，叶轮旋转直径达 252m，安装在我国福建平潭岛的海上风电场上。

2 交流电的发电频率和电网的电流频率是一脉相承的，比如我国的交流电频率是 50Hz，发电机只有在一定转速范围内，才能发出频率为 50Hz 的电。

当正面迎风时，风力机的运行效果最好。老式的风车使用一个大尾翼，以保持最佳的迎风方向，这被称为**偏航**。现代风力机的机舱顶部设置了**风速风向传感器**来测量风速和风向：如果风向标检测到风向的变化，它会发出指令，使用电机调整风力机的偏航角度，将其转回迎风方向。大多数风力机还采用了调整叶片角度的方法，这种方法叫作**变桨**：当风速过快，以致风力机无法有效运转时，通过变桨可以使叶片呈收起状态（只有叶片的边缘迎风），以减少风力机所受的推力。在暴风天气时，风电场的所有叶片可以纹丝不动，这又是为什么呢？其实在极端风速或紧急情况下，操作员还可以通过机械制动器让叶片停止转动，以防风力机受损。

风力机效率的另一个要素是叶片的形状。你可能会认为，更宽的叶片可以捕获更多的风能，但请考虑到这一点：如果我们可以从风中提取 100% 的动能，那么叶片后方的空气就不会有任何流速了，这就相当于空气会"堆积"在风力机前方，而不会透过叶片驱动风力机。反过来说，风力机需要保持一种状态，即让一定量的风透过叶片流动，这意味其不可能获取风的所有能量。风力机可以将风能转化为动能的理论极限比值约为 60%，这被称为贝兹极限。风力机叶片的形状正是基于此而精心设计的，以在理论范围内尽可能多地捕获风能。

注意看

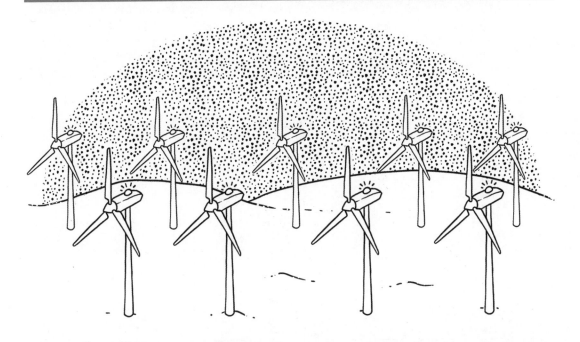

　　如果你在晚上开车路过或乘飞机越过风电场，那么你应该会看到风力机塔筒顶部的红色警示灯。和所有高塔及高层建筑上的警示灯一样，它们用于警示飞机，避免碰撞。在大多数风电场，警示灯完美地同步闪烁，以帮助飞行员判断整个风电场的形状和范围。如果所有的警示灯都随机闪烁，那么人们可能会晕头转向。使一个风电场内所有的灯同时闪烁是一个新的挑战。你可能认为将所有的灯连在一起就好了，但对于一个警示系统来说，这种做法太复杂且太不经济了。相反，每个警示灯都是独立的，而且都配备了 GPS 接收设备，可以从太空中的卫星获取高精度的时钟信号。只要每个警示灯的时钟都同步了，实现同步闪烁就没什么难度了。

避雷线

绝缘子

分裂导线

三相电路

保护区

桁架塔

混凝土基础桩

接地电极

69kV木制
H形框架塔

138kV窄式
桁架塔

345kV×2
单杆塔

230kV酒杯型
桁架塔

500kV×2
桁架塔

输电塔

发电厂几乎都位于人口稀少的地区，与城市中心保持着一定的距离，这不仅因为这些地方土地更便宜，还因为大多数人不喜欢住在巨大的发电厂附近。让发电厂和城市之间保持一定距离，这个选择的确非常合理。但是，发电中心远离用电中心让如何传输电力变成了一个问题。电不是像货物那样装上卡车运输的，而是通过输电线路从生产者瞬间传送给消费者的。但凡你曾用插线板为够不着电源插座的灯或设备供过电，你应该就能理解这个概念。然而，将视角从插线板使用场景转到发电厂大规模输送电力，还是会发现其中存在很多有趣的挑战。

用于传输电力的电线被称为**导线**，所有的导线都不是完美的（本书不讨论超导）。你从一端输入的电，永远不可能在另一端获得 100% 的回收。因为导线对电流都有一定的阻力（即电阻），这种阻力将部分电能转换为热能，因此电量在传输过程中有一定的损耗。发电是一个昂贵且复杂的过程，所以既然把电发出来了，就一定要确保让尽可能多的电真正到达用户。幸运的是，有一个技巧可以减少导线电阻造成的能量损耗，但要理解这个技巧首先需要对电路有一些了解。

电路中的电流有两个重要属性：**电压**、**电流**。电压是电势的差值，类似管道中流体的压强；电流是电荷的流量，类似管道中流体的流量。这两项属性与通过线路的总功率息息相关。由电阻造成的功率损耗与电路中的电流正相关，电流越大，损耗也就越大。又因为电路的传输功率等于电流与电压的乘积，所以如果提高输电电压，传输相同功率需要的电流就更小，那么电能损耗就可以减少，这正是我们一直做的事情。先使用变压器在发电厂提升电压，然后将电力送上输电线路进行传输，这样做可以减小输电线路上的电流，以最大程度减少导线电阻造成的损耗，让尽可能多的电到达电路另一端的用户。

高压使电力传输更加高效，但也带来了新的问题。因为高压极其危险，所以输电线路必须与地面上的人类活动保持足够的距离。在地下敷设高压输电线路非常昂贵，除非在人口最稠密的地区，否则输电线路一般被悬挂在**铁塔**（也被称为**电塔**）上。

设计一条输电线路需要考虑众多因素，在不同的条件下，电塔的形状、大小和材料也不尽相同。其中最基本的一个因素是线路的电压：电压[1]越高，危险性越大，输电线路各**相**的间距和离地高度就需要越大。为了节省成本，很多输电线路含有多个**三相回路**，所以你

---

1 中国的高压输电线路的电压等级略有不同，分为 35kV、66kV、110kV、220kV、330kV、500kV、750kV 等，也有 1000kV 以上的特高压。

可能会看到六相乃至九相，而不仅仅是三相，前文展示了五种具有特殊形状和大小的电塔型式。

输电线路**保护区**的宽度也很重要，在城市地区，土地更加昂贵，所以可用于输电线路保护区的宽度比在农村地区小得多。更窄的空间要求导线只能垂直而非水平排列，这增加了输电塔的高度和成本。当然，美学方面的考虑也少不了。我倒觉得输电塔既有趣又美观，只不过大部分人认为这些铁塔破坏了景观，有时甚至是一种视觉污染。与**桁架塔**、**H 形框架塔**等型式相比，**单杆塔**的外观似乎更受欢迎。尽管单杆塔结构通常更贵一些，但它在人口密集的居住区还是很常见的。

输电塔必须抵抗风荷载和线路的张力，所以它们的基础通常采用深入地下的**混凝土基础桩**。大多数输电塔采用悬垂结构，即让导线简单地垂直悬挂于**绝缘子**上。这种**悬垂塔**可以承受均衡的外力，但难以承受来自导线的不对称力。更坚固的电塔是**耐张塔**，它们通常用于线路转向处、跨越河流等大跨度处，或是需要防止导线断裂可能导致连锁性倒塌的地方。区分悬垂塔和耐张塔的方法很简单，只需看绝缘子的方向：在悬垂塔上，绝缘子大多呈垂直状；只要绝缘子不垂直，就意味着导线承受了不对称拉力，这种情况下大概率使用的是耐张塔。

雷电是架空电线的主要威胁，雷击会在电路中产生过电压，从而引起电弧（也被称为闪络），进而损坏设备。所以架空输电线路通常需要在铁塔顶部设置至少一根不带电的导线，这类导线被称为**避雷线**，目的是捕获雷击产生的电能，将雷电过电压无害地从每架铁塔传入地面，保护主导线的安全。如果仔细观察，你通常可以在塔底看到铜导线[1]，它们连接着独立的**接地电极**或混凝土基础桩内的钢筋。输电公司有时还可以在避雷线内包裹一条光纤电缆，用于通信网络，一举多得。

---

1 在我国，铁塔的接地导线多采用扁钢材料，而铜导线的使用相对较少。

注意看

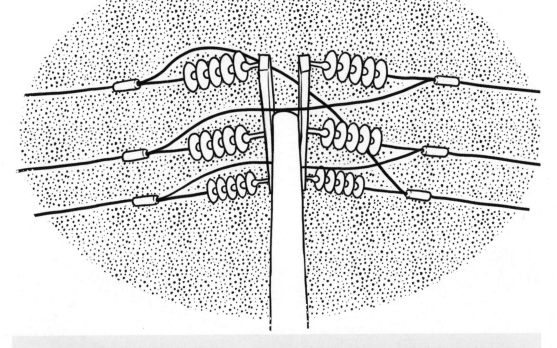

　　每条高压输电线路都会产生磁场，这个磁场环境可以使平行导线的电流发生畸变。由于相和相之间，以及相和地面之间的位置不同，每根导线中的电流会发生不同程度的畸变，这种效应会随输电距离的增长而累积。为了平衡三相之间的电流畸变，长距离输电线路需要每隔一定的距离就互换三相的位置，然后再继续前进。大家可以留意观察这种特殊的杆塔，它们使得导体相位在继续传输前能够互换位置，被称为换位杆塔。

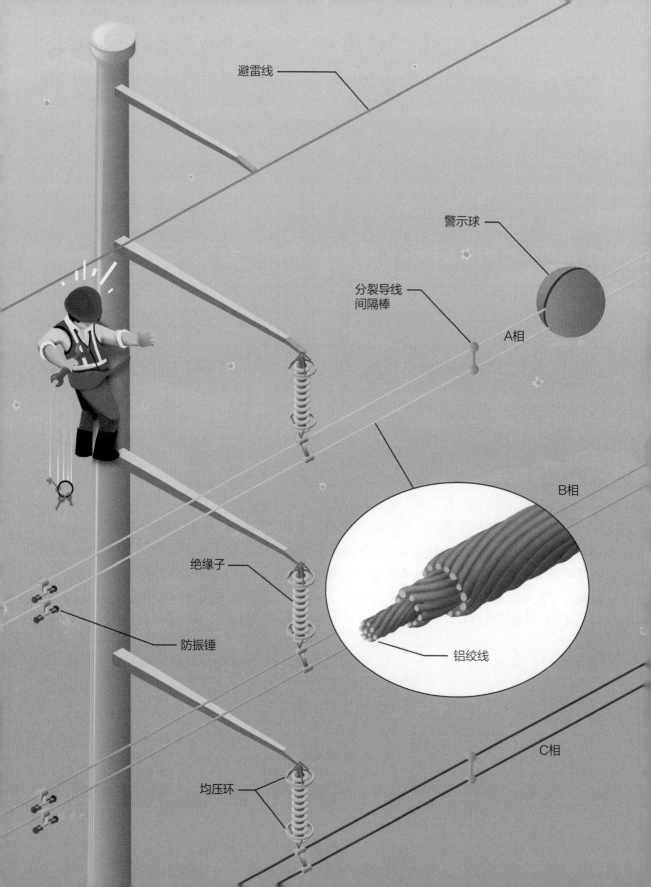

避雷线

警示球

分裂导线
间隔棒

A相

B相

绝缘子

防振锤

铝绞线

C相

均压环

输电线路组件

与家用的延长插线板不同，输电线路不只是一组简单的导线，它们庞大的规模和极高的电压带来了许多工程难题。为了使输电线路变得高效、经济和安全（对维护人员和公众而言），各种设备和组件应运而生。

当然，最重要的组件就是导线本身，导线通常由许多细小的**铝绞线**组成。铝是很好的选材，因为它质轻、抗腐蚀，并且电阻较小。但是，如果你曾经踩扁过易拉罐（几乎都是铝制品），你就会体会到，与其他材料相比，铝的强度并不高。然而，输电导线不仅需要传导电流，还需要抵御大风和气候的影响，能克服自重，即便横跨相邻输电塔也不会被拉断。另外，当传导大量电流时，导线也会发热，这种发热会使金属导线变长、变松弛。如果过度松弛，导线可能会触及树枝或其他物体，造成短路甚至引发火情。因此，铝缆通常用钢或碳纤维进行加固，以提高强度。

与家用延长插线板的另一个不同是，高压输电线路的导线是裸露的，既没有外层绝缘套管，也没有采用大量橡胶或塑料来防止电弧，因为这会给电线增加太多重量和成本。高压输电线路的绝缘主要利用空气间隙，即在带电导线和地面物体（或任何可以连接地面的物体）之间保持充足的距离。不过这里还有另一个挑战，即导线不能在没有支撑的情况下飘浮在空中，因为接触它们的任何东西都会因带电而变得危险。如果直接将导线连接到铁塔上，会对地面上的人或事物带来危害，更不用说各相之间发生短路了。因此，导线需要通过很长的**绝缘子**连接到每座铁塔上。

绝缘子的设计和制造至关重要，因为它是导线和铁塔之间唯一的连接。一般来说，绝缘子由一串圆盘组成，圆盘通常由玻璃或陶瓷制成。当绝缘子变湿或变脏时，这种圆盘设计可以增加漏电电流的爬电距离，尽可能减少漏电量。圆盘的大小也有一定的标准，一般通过圆盘数量就可以估算线路的电压，即电压等于圆盘数量乘以 15kV。如今，非瓷绝缘子越来越受欢迎，如硅橡胶绝缘子和复合绝缘子等。不过，每个圆盘对应 15kV 的规律不太适用于非瓷绝缘子，所以你需要通过其他线索来推算线路的电压。

高压输电还会产生一些有趣的现象。比如，交流电会产生趋肤效应，即电流主要流经导线表层，而不是均匀地流过整个导线截面。这意味着增加导线直径并不能等比增加其传导电流的能力。再比如，线路上的电力可能会因为电晕放电而损失，电晕放电是一种因导线周围空气的电离作用而产生的效应。只要仔细一些，你时常能听到电晕放电发出的嗞嗞声，特别是在有雾的早晨或遇到暴风雨天气时，在气压较低的高海拔地区这也很常见。

由于上述两个现象，高压输电线路的每一相有时会采用以**间隔棒**隔开的多根较细导体（被称为**分裂导线**），而不是采用单根粗导线。多根小直径导线具有更大的总表面积，可以更有效地传导交流电。而且，因为分裂导线的总直径较大，所以单位面积的电流密度会降低，这能有效减少电晕放电现象。估算输电线路电压的另一种方法是，观察每一相的导线束有几根分裂导线，220kV 以下的线路通常只使用一两根分裂导线，而 500kV 以上的线路通常有三根或者更多。电晕放电最易发生在棱角分明的金属表面，比如导线与绝缘子相连的部位。在超高压输电线路或降雨量大的地区，你可以看到绝缘子上安装有**均压环**。这些均压环可以重新分布局部的电场，抑制棱角和边缘带来的电晕放电。

风也会对导线造成不利影响，随风摆动的导线可能会损坏或断裂。因为长期的摆动会使导线的材料产生疲劳，或使导线的连接处直接磨损，从而缩短导线使用寿命。更换导线是一项巨大且耗费颇多的工作，所以电力公司希望导线尽可能用得久一点。**防振锤**通常用于吸收风能，以减少风对导线的长期损坏。较细的导线常使用螺旋式防振锤，较粗的导线常使用**悬吊式防振锤**，也被称为斯托克桥式防振锤。风对导线并非只有害处，它最大的益处是可以冷却导线。导线与绝缘子的连接处也是易发生摆动损坏的关键之处，值得重点关注。因此，这个部位的导线通常需要进行特别加固，以提高强度。

最后，并非所有人类活动都远离这些危险的高压线路。所以有时人们需要在导线上安装红色的**警示球**，以警示操作高大设备或低空作业的人，使他们更容易发现高压线路的存在。你可以经常在机场附近或河道上空看到这种警示球。

注意看

　　尽管交直流转换设备非常昂贵，但高压直流（HVDC）输电与交流输电相比，还是有很多优势。特别是在超过一定电压和距离时，直流输电会比交流输电更加经济。交流电每次改变电流方向都必须给线路"充电"（被称为电容效应），这需要大量的额外功率。高压直流输电线路不受这种效应的影响，因此更加高效。高压直流输电线路还可用于连接各个独立电网，因为不同电网的交流电可能会不同步。高压直流输电线路还可以使用令人难以置信的高压（高达 1100kV），但目前这种高压仍相对罕见，特别是在北美地区。直流输电线路很好辨认，因为它们不像交流输电线路有三相线，而是只使用两根导线，即一个正极和一个负极，就像电池那样。

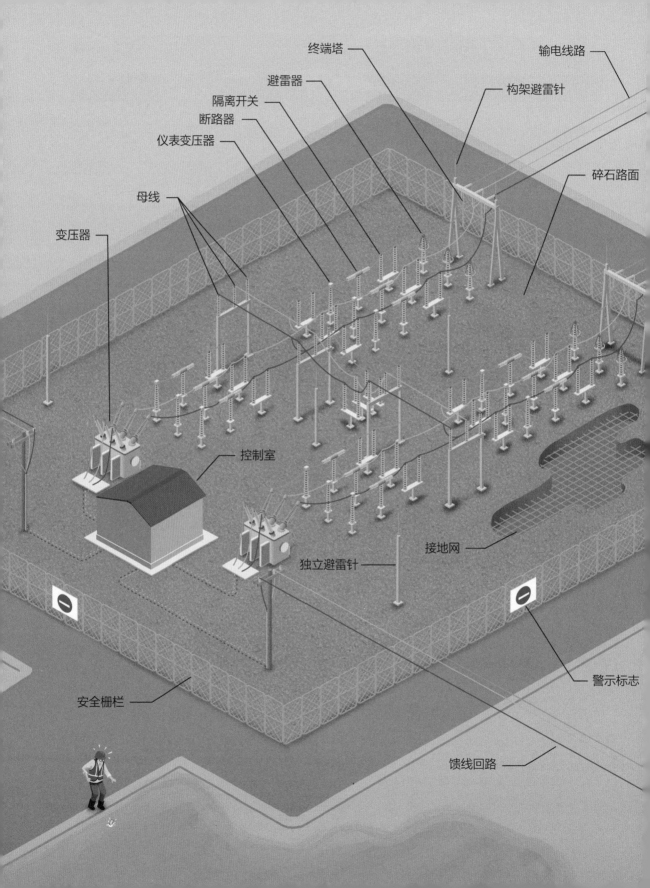

终端塔

输电线路

避雷器

构架避雷针

隔离开关

断路器

仪表变压器

碎石路面

母线

变压器

控制室

接地网

独立避雷针

警示标志

安全栅栏

馈线回路

变电站

如果将电网看作一个巨大的机器，变电站就是连接各个组件的纽带。变电站最初以小型的发电厂命名，现在已成为电网中发挥各种关键作用的设施的统称。这些功能包括：监控电网性能，以确保供电安全；在不同电压等级之间转换；提供故障保护等。城市周围最常见的变电站是降压设施，它们将输电线路的高压转换为更安全的低压，以便在居民区进行配电。

乍看之下（有时是在长时间的凝视之后），变电站是线路和设备的复杂组合。当我还是孩子时，我认为它们是游乐场，这让我的父母啼笑皆非。对电气专业的门外汉来说，要梳理清楚这些现代电气工程迷宫般的组成，可能难度很大，主要原因之一是支架等支撑结构与导线和母线过于相似。其实要辨别带电线路和设备，最简单的方法是查看哪些部分由绝缘子支撑，这样你就能梳理清楚电流的传输线路了。前文插图中的每相导线用不同颜色标出，以帮助你追踪电流的路线。下一节将更详细地描述变电站中的具体设备及其功能。

变电站通常是许多**输电线路**的终点，高压输电线路通过一个支撑结构进入变电站，该结构提供支撑和隔离，被称为**终端塔**。变电站是高压输电线路从安全高度下降至地面的唯一场所，因此用额外的保护措施来把控电流是必要的。

母线是变电站的核心，也是连接变电站内各种设备和装置的主要纽带，由一组三根平行导线组成，每根导线对应一相。母线通常由沿整个变电站延伸的刚性架空管支撑。变电站的整体可靠性取决于母线的布置方式，不同方式提供不同程度的冗余。当发生设备故障或进行定期维护时，电力公司当然不希望关闭所有设施，因此根据需要，母线常被设计为可以灵活切换运行方式，以便在必要时绕过停用设备来正常输送电力。

变电站拥有高压侧和低压侧，用**变压器**（在下一节讨论）将二者分隔开。在降压变电站，电力通过被称为**馈线**的独立回路离开变电站。每条馈线都有自己的断路器，以便在发生馈线故障时将较少的由特定馈线供电的用户从电网中隔离出来。许多馈线离开变电站后会进入地下，并在附近的电线杆处重新出现，以便为用户分配电力。

大多数变电站设备都置于露天的户外，但某些电气元件容易受天气和温度变化的影响，比如继电器、操作装置和一些**断路器**等，这些更敏感的设备通常置于变电站**控制室**内。与输电线路一样，雷电对变电站也构成严重的威胁。设置高耸的**独立避雷针**和**构架避雷针**，可以有效吸收雷电电荷并将它们直接导向大地，以防昂贵的设备受到冲击。此外，还有一种应对雷电破坏性影响的设备，叫作**避雷器**，它连接在带电线路上，但平常不传导任何电流。

只有在检测到不正常的高压时，避雷器才会瞬间成为导体，安全地将高压冲击电流导向大地。

许多从外部可见的变电站特征都与员工操作和维护设备的安全息息相关。保护变电站内设备和工作人员的最关键举措是确保多余的电荷有地方可去，所以变电站都建有**接地网**。接地网由埋在地下的互连的铜线组成，在发生故障或短路时，变电站可以通过接地网迅速地向地面释放电荷，使**断路器**尽快跳闸，以达到保护变电站设备的目的。另外，每台设备的外壳和支撑结构都通过接地网连接在一起，这能确保整个变电站及其所有设备都处于同一电势（也叫作等电势）。电流仅在不同电势之间流动，所以让一切设备保持相同电势能确保不管工作人员接触哪一台，都不会因漏电而造成触电事故。

还有许多从外部可见的变电站特征都与安全相关。你可能会注意到，大多数变电站的地面覆盖了一层碎石而非草地。这不仅仅是因为工作人员不喜欢割草。**碎石路面**具有良好的排水性，可以防止雨水冲刷地面形成水坑，从而在土壤上形成一层绝缘层。

对大多数人来说，远离高压设施是一个常识，但对盗铜贼来说，带高压的变电站却是主要目标，尽管这听起来很疯狂。所以变电站周围布满**安全栅栏**和**警示标志**，以警告任何无关人员不要进入，同时防止盗贼的造访。仔细观察，你会发现即使是栅栏也有与地下接地网连接的导体，以确保不仅栅栏内是等电势的，栅栏外也不例外。这保证了等电势区域不仅覆盖了围栏内侧的作业人员，也覆盖了围栏外侧的每一个人。

注意看

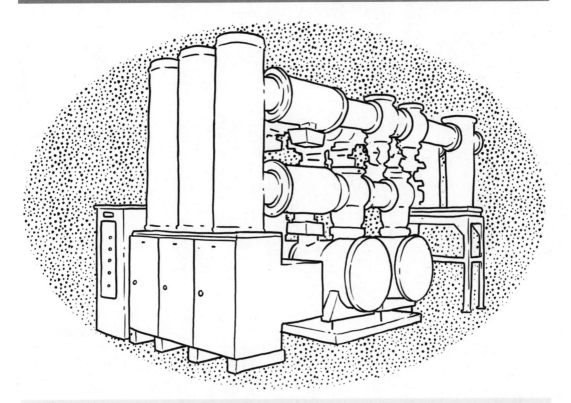

　　户外变电站中有大量设备使用空气绝缘开关设备，它利用周围空气和间隔距离作为绝缘介质，以防带电部件间形成高压电弧。还有一种气体绝缘开关设备（GIS），将设备封装在一个充满高密度的六氟化硫气体的金属外壳中，这让在空间有限的条件下安装高压组件成为可能。要看到一个完全由气体绝缘开关设备组成的变电站，你得很走运才行，因为它们的成本很高，所以很少见。气体绝缘开关设备通常隐藏在建筑内部，而不是暴露在开阔的空气中，以免受天气的影响。其特征是紧密排列的金属管道、大量螺栓固定的法兰，以及许多三个一组的组件（用于处理交流电的每一相）。你可以通过这些特征认出它。

变压器

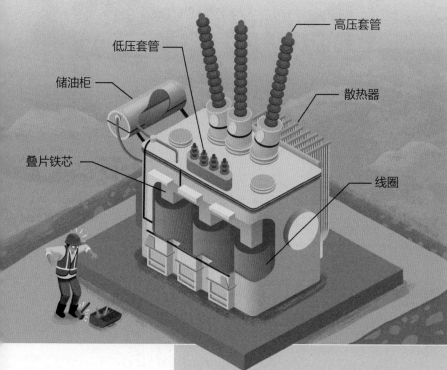

低压套管

高压套管

储油柜

散热器

叠片铁芯

线圈

仪表变压器

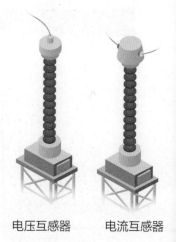

电压互感器　　电流互感器

隔离开关

刀闸式隔离开关

剪刀式隔离开关

断路器

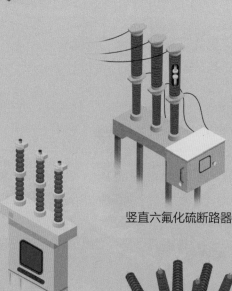

竖直六氟化硫断路器

真空断路器

水平六氟化硫断路器

油断路器

变电站设备

了解变电站的布局和电流流动只能了解变电站的一半。变电站由许多不同的单个设备组成，每个设备都起到重要作用。能识别这些设备，并且弄清楚其工作原理，会极大地增加探索变电站的乐趣。

变电站最重要的工作之一是降压或升压，即在输电高压（高效但更危险）和城市地区较小尺寸线路所需的配电低压（更易绝缘但仍有危险）之间进行转换。这一转换过程是通过**变压器**实现的，变压器不含任何动力部件，利用交流电的**电磁感应原理**即可完成电压转换，它主要由两个相邻的**线圈**组成。输入的交流电通过初级线圈产生磁场，这些磁场由许多薄铁片层叠而成的**叠片铁芯**聚集和引导。磁场耦合到相邻的次级线圈，并在输出导线中产生感应电压。输出的电压与初、次级线圈的匝数成正比。变压器通常是整个变电站中最大和最昂贵的设备，所以易于识别。

引导导线进出变压器的绝缘体被称为**套管**，它们支撑导线穿过金属外壳进入变压器，同时可以防止短路。套管尺寸不同，因此你可以轻松分辨**高压套管**和**低压套管**。电压越高，套管越大。这是为了确保带电导线与接地部件之间有足够的电气间隙，以防电弧的产生。

尽管电网中大型变压器效率很高，但运行时仍会有部分电能以噪声和热量的形式损失。如果靠得够近，那么你肯定能听到低沉的嗡嗡声，这是因为磁场不断变化，导致变压器内部元器件振动。铜线圈的电阻也会产生热量，这些热量最终可能损坏变压器，所以变压器内通常用油来填充，以帮助冷却。你可以在变压器外壳上看到由风扇和散热片组成的**散热器**，用于散发热量，并帮助冷却油和其他组件。你甚至可能看到一个较小的**储油柜**（也被称为**油枕**）位于变压器外壳顶部，它用于储存额外的油，并为油随温度变化产生的胀缩提供空间。

在维护或检修期间，变电站的每条线路和每件设备都需要与其余带电系统完全隔离。出于这个原因，每台设备的两侧通常都要安装**隔离开关**。它不能切断整个系统的短路电流，但可以断开特定设备与系统的连接，以保护工作人员的安全。最常见的**刀闸式隔离开关**是电动的，由安装在绝缘子上的**铰式闸刀**和固定触头组成。**剪刀式隔离开关**通过剪式动作的升降来连接或断开母线。

有时，立即切断电网某部分的电流非常有必要。最常见的原因就是发生供电故障，非正常的电流可能会对昂贵且重要的设备造成严重损坏。**断路器**提供了一种切断电流的方法，使故障能够与系统其余部分隔离。它不仅能够保护电网上的其他设备，还使故障易于排查，进而得到快速解决。不过，中断带电线路上的电流并没有听起来那么简单。要知道，只要电压足够高，任何物质都可以导电，包括空气。即使为了断开电路在线路上制造一个缺口，电也可能以电弧的形式通过空气继续流动。电弧需要尽快被熄灭，以防对断路器造成破坏，或危及工作人员的人身安全。这意味着所有高压设备的断路器都需要某种形式的灭弧装置。

对于较低电压，断路器被安装在**真空**的密封容器中，这样做是为了避免电流通过断开点之间的空气进行传导。对于更高的电压，断路器通常被浸没在装满非导电**油**或充满高密度**六氟化硫**气体的箱子中。另一种吹灭电弧的灭弧方式是使用压缩空气。所有断路器都被连接到称作继电器的装置上，这些装置可以在故障条件下自动触发，以断开电路。断路器也可以手动操作，以便在维护时将一段电路与电网隔离，或在极端用电需求期间卸载负荷。许多故障是暂时的（例如雷击），此时一些叫作重合闸的断路器会在故障被排除后自动重新连通电路。

继电器监测电网上的电压、电流、频率和其他参数，这有助于识别故障并触发断路器，但高压电不能直接接入敏感的操作设备。所以，在这种情况下，利用被称为**仪表变压器**的特殊变压器，可以将导线上的高电压和大电流转换到更小、更安全的水平，然后再接入继电器。仪表变压器就像电网的眼睛，可以监测电网的各种状态，从而确保一切正常工作。仪表变压器包括**电压互感器**和**电流互感器**两种类型，尽管它们的外观十分相似，但通过一个简单的方法可以分辨两者——电压互感器的主绕组通常连接在一个相和地面之间，所以你只会看到一个高压端子；而电流互感器的主绕组则与导线串联，因此你会看见两个端子，这两个端子都被认为是高压端子。

注意看

　　交流电面临的一个挑战是电压和电流之间可能会失去同步。某些类型的电气负载属于无功负荷，比如含电容的元件，它们会短暂地储存电荷，然后再将其反馈到电网。这会导致电流滞后或超前于电压，从而削弱电流的实际做功能力。由于无功负荷的上述特性，电网必须提供更多的无功功率来稳定电压，这会降低为电网供电的所有导体和设备的效率，因为它们传输的电能超过了实际使用量。对这种效率降低的度量可以表示为功率因数。一些变电站配备了电容器组，以吸收电压和电流不匹配的部分，使电流和电压重新同步，从而更有效地利用导体、变压器和其他设备来稳定电网上的电压，改善线路中的功率因数。注意观察变电站的钢架上是否有小型电容器组。

熔断器

绝缘子

主配电线路

横担

中性导线

配电变压器

接地引下线

拉线

通信线路

低压供电线路

耐张绝缘子

电线杆

接地电极

典型电线杆

在建筑世界中，没有什么比**电线杆**更普遍了，它在电网配电环节中起关键作用。配电描述的是在电网中将电力送达所有独立用户的过程。如果说输电线路是电的"高速公路"，那配电线路就是"住宅区的小街道"。它们通常始于变电站，在那里，单独的配电线路（也被称为馈线）呈扇形状向外延伸，连接住宅、商业和工业用户。从某些方面来说，配电与高压输电几乎相同，毕竟电线的本质相同。但从其他方面来说，它们又有着惊人的差别。最明显的差别在于配电的电压已经降低到更易绝缘的水平，因此电线杆和导线的高度也较低。

北美大多数地区的木材资源相对丰富，因此木材成为大多数电线杆的材料[1]。使用防腐剂处理木材，可以减缓天气和蛀虫导致的腐坏。虽然各地有不同的标准，但正常高度的电线杆通常需要埋入地下 2~3 米。大多数电线杆都会配备一根**接地引下线**，它沿着杆身一直延伸到地面，并与一个植入地下的**接地电极**连接。这根接地引下线为任何可能泄漏的电流提供安全路径，避免其通过杆子本身，进而避免了触电或火灾事故。

直线排列的电线杆只需要支撑顶端电线的垂直重量，但是如果电线杆位于线路的拐角位置或末端，它就会受到沿电线方向的侧向拉力。这种拉力不大，但电线杆较长，它会像杠杆一样放大顶端作用于地面的拉力，这可能会使电线杆倾斜或被掀翻。每当电线杆的水平力不平衡时，就需要使用额外的拉线来提供支撑。每根拉线一般都配有一个**耐张绝缘子**，以确保在发生事故时，危险电压无法通过拉线到达较低的位置。

你看到的电线杆顶端的**主配电线路**仅为中压水平，通常在 4kV 到 25kV 之间。带电导线易于识别，因为它们由**绝缘子**支撑。尽管主配电线路的电压已经远低于高压输电线路的电压，但对于住宅和商业用户来说仍具危险性。**配电变压器**（下一节中有更多描述）可以将电压降低至最终使用水平——通常被称为**主电压**或**次级电压**——供普通用户使用。**低压供电线路**负责将每个用户连接到电网，一般位于主配电线路下方。**通信线路**（第 2 章中有更多介绍），如有线电视线路、电话线路和光缆等，通常与电线杆上的配电线并行。为了保护工作人员安全，带电线路总是位于电线杆的顶端，与通信线路之间留有充足的安全间距。

与输电线路不同，配电网上的导线数从三根增加到四根，这与电网三个相之间的电力

---

1 中国已经逐步淘汰木质电线杆，主要原因是我国人口众多且密集，电力需求较旺，为了提高供电可靠性，更习惯使用强度较高的混凝土电线杆。另一个原因是，中国的基础设施更新速度比较快，老式的木质电线杆基本已更新换代，而欧美地区很多电网设施的更新则缓慢得多。当然，我国逐步淘汰木质电线杆也与木材紧缺、环境保护等有一定关系。

需求分布有关。从原理上来说，所有电路都应该是一个环路，即只需要两根导线：一根供电，一根接回电源。在高压输电线路上，三相之间的电量完全平衡，每对相既是电源也是回路，所以不需要独立的回路。但是，配电侧的情况并不总是如此简单，许多电力用户（包括大多数住宅用户）只使用单相电。所以事实上，在配电网中，三相经常被分割开来，每一相为完全不同的区域供电。在一些住宅区，你可以看到许多电线杆上只有一根主导线，不需要**横担**的支撑。电力公司试图通过规划配电线路，来确保每一相的负荷大致相等，但事实上它们从未完全同步。所以，各相之间的电力需求不平衡，需要用一根**中性导线**作为不平衡电流的回路。

很大程度上电网的复杂性源自我们应对事故的方式。电网叫作网是有迹可循的，既然它是一个互联的系统，也就意味着一个不小心或一次小小的故障，都有可能影响到更大的区域。所以电力工程师在电网每个重要部分的周围建立保护的区域，使用保险丝和**断路器**隔离故障，并使故障易于查找和解决。这些装置是"故障管理"的关键，为了保护整个系统的其余部分，你只能遭受一定程度的服务中断（就像房屋中的保险丝熔断一样）。其目的就是在发生故障时隔离故障设备，加快处理流程，并降低维修成本，以尽快恢复供电。当你因停电而生活不便，并且因此而恼火时，不妨心怀感激，因为这意味着事情正按计划进行，至少整个电网安全无虞，而且故障也将得到快速且经济的处理。

注意看

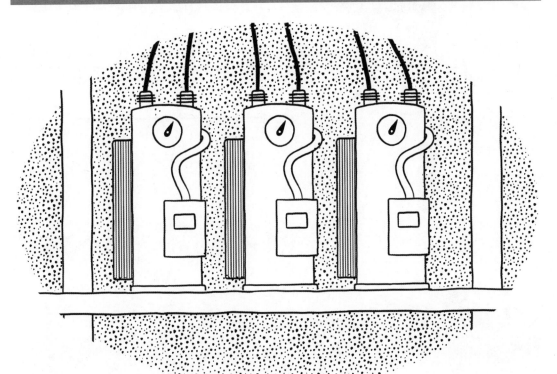

　　农村地区的主配电线路往往很长，长距离会造成导线的额外阻抗，因此要想保持电压稳定非常困难。另一个麻烦是，虽然接入电网的分布式太阳能电池板装置越来越普及，但是受云层遮挡的影响，在接入大量光伏的区域，配电电压也相当不稳定。稳压器是带有调压碳刷的变压装置，可以调节配电电压。其工作原理类似变压器，但对电压的调节幅度较小，通常在正负 10 % 的范围内。稳压器直接监测线路电压，或根据测量的电流自动反向推算电压。如果电压产生偏差，则通过调压碳刷的升降来稳定电压。其外形类似配电变压器，每一相分别使用一个圆筒形外壳。但二者也有一些明显的区别。稳压器的输入端和输出端，都连接在主配电线路上，两个套管的大小相同。你也可以观察一下稳压器罐体顶部有没有能显示调压碳刷位置的刻度盘。如果运气好，那么你可能会看到它自动切换调压碳刷的过程，这个过程可以保持线路上的电压稳定。

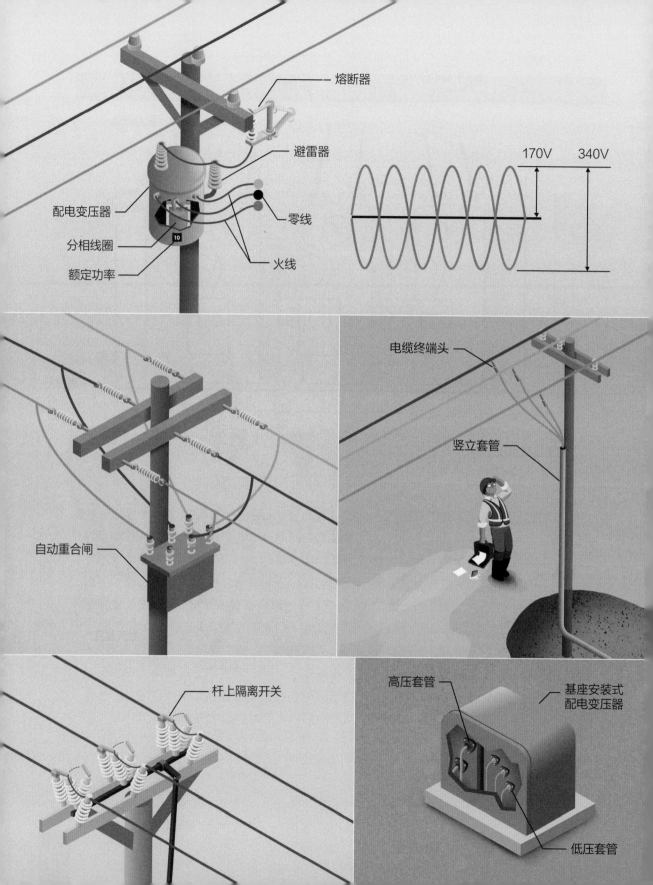

熔断器

避雷器

配电变压器

分相线圈

额定功率

零线

火线

170V   340V

电缆终端头

竖立套管

自动重合闸

杆上隔离开关

高压套管

基座安装式
配电变压器

低压套管

配电设备

与电网中的所有其他部分一样，配电也需要用各种设备来提高可靠性和安全性。和变电站类似，配电网上最重要的设备之一也是用于改变电压的。虽然主配电线路的电压远低于输电电压，但仍有数千伏，远高于大多数住宅和商业场所安全使用所要求的电压水平。在大多数情况下，人们仍需要一个变压器（被称为**配电变压器**），将电压降低至建筑物内灯具、家电和其他设备通常使用的水平。这些变压器的外观常为暗灰色圆筒状，位于电线杆上主配电线路的正下方。它们内部由油填充，与变电站变压器的工作方式几乎相同。

全球许多地方的配电变压器的输出线圈采用**分相**设计，这是一个有趣的变化。这种配置向用户提供两根带电线路（**火线**）和一根接地的**零线**，两根火线互为反相。通过这种方式，小型设备可以使用一根火线到零线的电压，这在北美大部分地区约为 120V（峰值为170V）。需要更多电力的设备，如电暖气、空调和烘干机等，可以在两根火线之间连接，获得约两倍（确切地说，是 1.732 倍）的电压。在住宅环境中，一台配电变压器通常可以为多所住宅供电。看看你家外面，你可能会注意到与你共用一台变压器的几个邻居。使用大型设备（如大型空调）的用户可以利用电网上的三相电，在这种情况下，你可以在同一根电线杆上看到三个集中安装在一起的单相变压器。你可以了解一下标在变压器侧面的**额定功率**，其单位为**千伏安**（kVA，大致等同于 kW）。

与输电线路和变电站设备一样，配电网也需要预防故障和雷击。你在电线杆顶端看到的许多硬件都是用于预防事故的。一种常见的保护装置是**熔断器**，它既是断路器也是隔离开关。熔体可以自动保护输变电设备，以免其短路或受高压冲击。因为当熔体中的电流过大时，内部元件会发热熔断，断开电路并脱开锁扣，使保险丝掉落。有些熔体内部含有爆炸性材料，以借助冲击波熄灭内部形成的电弧，所以如果附近发生跳闸，你可能会听到巨大的爆破声。这个声音通常非常大，以至于会让许多人误以为是变压器爆炸了，而实际上变压器正在被熔体保护，以免受损。

即使熔断器中的熔体没有熔断，线路工作人员也可以断开它，以隔离线路进行维护或检修。熔体是最简单的保护装置，你也能见到更复杂的断路器，比如通常被安装在小型圆柱形或矩形外壳中的**自动重合闸**。自动重合闸在检测到故障时会自动断开，然后闭合以测试故障是否已经被清除。电网上的大多数故障都是暂时的，如雷击或小树枝接触带电线路导致的故障。自动重合闸不仅可以保护变压器，而且在发生一般故障后，工人甚至都不需要更换熔体。它通常会反复断开和闭合几次，直到在确定故障是永久性的之后自动锁定。如果你家的用电曾在短时间内时断时续，这可能就是自动重合闸造成的。电线杆顶部其他类型的**隔离开关**，也可帮助线路工作人员进行维护或修理。许多隔离开关可以同时断开三相。最后，与电网的其他部分一样，配电线路使用**避雷器**将雷击引起的电压浪涌安全引向大地。

并非所有配电网都是架空的，在许多城市的中心地带，你几乎看不到任何架空线路。相反，电力通过地下的电力线路供应。此外，许多新的住宅和商业建筑也选择在地下敷设配电线路，以免杂乱的架空线路影响美观。使用地下配电线路不是一个轻松的选择，因为这种线路的安装成本远高于架空线路，发生损坏时也往往需要更多时间进行修复。但是，这些线路不会轻易受天气影响，也不会影响城市景观。为了避免造成触电危险，或者仅仅是为了不遮挡道路标牌，配电线路即使不是在地下连续敷设的，也经常需要短距离在地下敷设后再架空。

尽管看不到地下配电线路，但是注意观察连接大型**竖立套管**的电线杆，还是很容易找到它们的起止点。地下电力电缆必须有绝缘套管或绝缘层，以防受潮和发生短路。导体周围绝缘层的覆盖不能随意中断，否则断开处会进水，进而发生短路。**电缆终端头**（俗称终端头）用于确保绝缘电缆和裸露导体之间过渡区域的密封性。

地下电缆到达地面的另一个位置在变压器处。虽然不如架空变压器那样显眼，但**基座安装式配电变压器**提醒我们无架空线路区域仍然存在电网。你可能会好奇那些绿色机箱里面到底装了什么。它们与架空线路安装的变压器是完全相同的装置。打开机箱门，你就可以发现和杆上变压器一样的**高压套管**和**低压套管**。

注意看

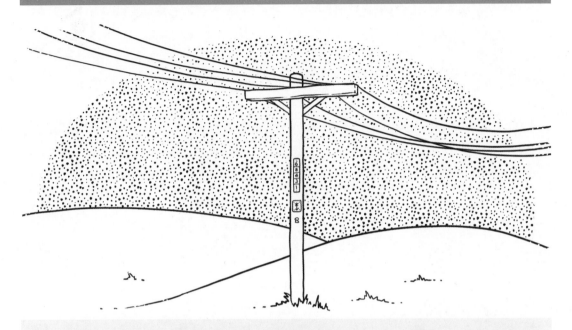

　　电线杆上常有令人费解的标记和金属标签。有时它们仅仅是管理部门或制造商的标识，但事实上不总是这样。带箭头的红色标签是给线路工人的警告，用于表示电线杆已损坏，需要小心或避免爬杆。电线杆标签还可以显示其上次被检查的时间，以及采用的防虫蛀或防腐朽的方法。最后，木材上的印记提供有关电线杆的制造地、电线杆所用木材种类，甚至电线杆长度的线索。留意不同种类的标记，看看你能否破译它们的含义。

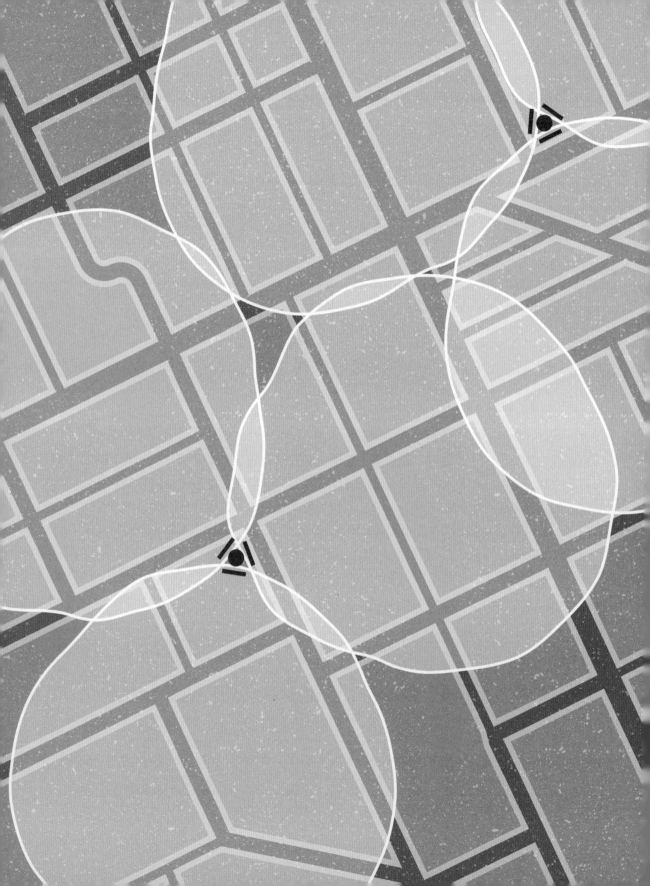

通信

简介

很多生物都可以实现通信，但远距离通信是人类独有的。靠声音之外的媒介传递信息需要大量的创新，人类的许多重大发展成就都建立在远距离通信的基础上。从狼烟和信鸽到 GPS 和互联网，远距离通信深刻影响着我们的生活、工作和娱乐方式。

本章将探讨如何实现远距离通信，最重要的是了解哪些基础设施帮助我们实现了这一目标——至少在本书撰写之际，这些基础设施是有效的。通信技术的发展最为迅速，可能在 10 年后，本章内容就会过时；20 年后，这里所描述的所有技术就会变得面目全非。在如今这个信息爆炸的时代，人们很容易对这些基础设施熟视无睹，对用这些设施传输和分享文化、娱乐等信息习以为常，但值得注意的是，通信基础设施背后的工程知识仍然充满神秘感。

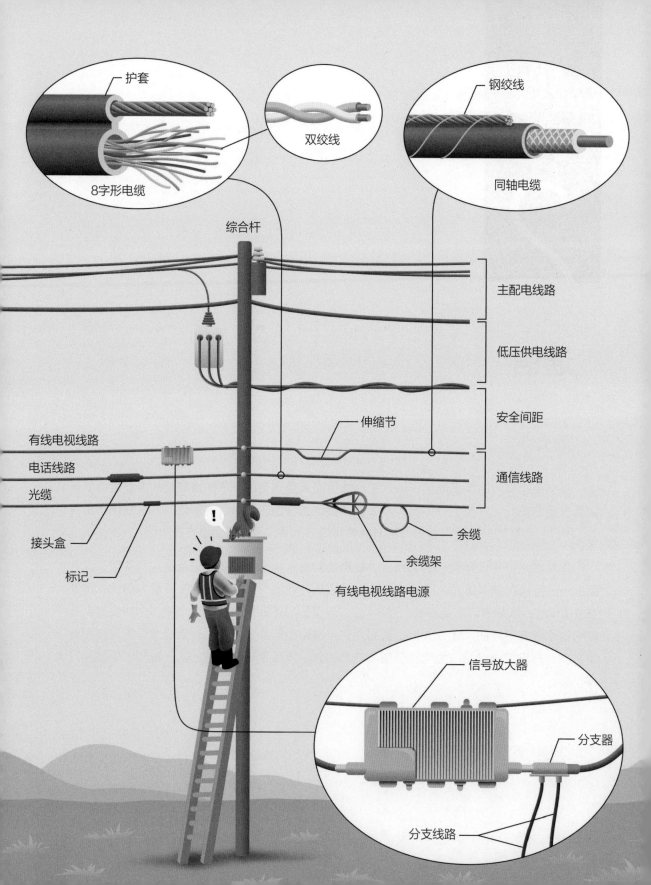

护套

8字形电缆

双绞线

钢绞线

同轴电缆

综合杆

主配电线路

低压供电线路

安全间距

伸缩节

通信线路

有线电视线路

电话线路

光缆

接头盒

标记

余缆

余缆架

有线电视线路电源

信号放大器

分支器

分支线路

架空敷设通信线路

大多数通信通过物理线路实现，这些线路可以是金属导线，也可以是光纤。为了避免与人类活动相冲突，线路有几种基本敷设方式：架空敷设、管道敷设、直埋敷设和水底敷设，其中架空和管道敷设最为常见。本节讨论架空敷设，下一节将讨论管道敷设。

第 1 章从配电的视角介绍了电线杆，但电线杆的用途不仅限于第 1 章提到的场景。架空通信线路几乎总是与其他公用事业线路一起被悬挂在电线杆上，这种电线杆被称为**综合杆**。并非所有综合杆都适用于所有类型的公用设施，但无论哪些线路被挂在杆上，它们的位置都是经过精心设计的。**主配电线路**电压高，危险性最高，所以一般沿杆顶部敷设，离地面最远，直接为用户供电的**低压供电线路**位于其下方。**通信线路**维护频繁，为了使安装和维护的工作人员不受高压配电线路的影响，通信线路在电线杆上的安装位置一般最低，与电力线路之间留有一定的**安全间距**。

电线杆上可以同时敷设多种通信线路，主要包含三种类型：**电话线路**、**有线电视线路**和**光缆**。三种线路在同一根电线杆上并行是很常见的，只要你知道它们的特征，想要区分它们就很简单。

跨长距离的架空线路会因自重而在两根电线杆之间产生很显著的张力，并且大多数通信线路在跨越一根接一根的电线杆时，无法靠自身的强度承受这些张力。所以通信线路一般采用**钢绞线**作为载体以提供支撑，被附挂或捆绑在钢绞线上。有时人们也采用自承式"**8字形**"**电缆**，将钢绞线集成到通信线路的**护套**中。

虽然普通老式电话服务（POTS）使用的铜线网络正在迅速被淘汰，但全世界各地的许多电线杆上仍有它们的影子。自 1876 年以来，人类就使用专用的铜线作为电话线路传输语音信号，现今，它仍是许多地方的家庭或企业连接电话网络最简单的方式。电话线路是一条双绞线，由一对相互扭绞的细铜线组成。每个家庭或企业用户都拥有一根单独的**双绞线**，并且它们的双绞线与**本地**的**电话交换机**相连，这导致电话干线的双绞线数量迅速膨胀，有时达到数百甚至数千对。在接头处，这些电话线路逐渐汇聚，使电缆越来越粗；因此电线杆附近很容易看到黑色的矩形电缆**接头盒**。

所有这些并排的电缆，都会产生一定的电磁场并互相干扰，最终导致"串线"。电话线路采用两根相互扭绞的导线，创造性地解决了这个问题。因为外界的电磁干扰对双绞线中每根导线的影响是相等的，通信信号依靠两根导线之间的电压差传递，所以不论两根导线上有多少额外的电压，任何同时存在于两根线上的不必要的电压都将被抵消掉。两根导线的电压差始终不变，传递的信号也就不会改变。

另一种无处不在的通信线路是**有线电视线路**（CATV）。尽管叫作有线电视线路，但是它除了传输电视节目信号外，大多还提供电话和高速互联网服务。与普通老式电话服务一样，有线电视网络也是从一个叫作**中心机房**的中心站引出的。信号主要通过**同轴电缆**传递，同轴电缆这一称呼源自其内部的导体和外部的金属屏蔽层围绕着同一根轴线。由于金属屏蔽层的屏蔽作用，这种电缆可以在很低的损耗或较少的干扰下，传输高频电流信号。它们起初是大型的主干线路，然后会分出多条分发线路。信号**放大器**也叫作线路延伸器，人们可通过鳍片式散热片轻松识别它。信号放大器沿干线间隔布置，以增强信号。**有线电视线路电源**为一定范围内所有的信号放大器提供必要的电力供应。一根很粗的干线可以分配很多根用户线，配电线路中的**分支器**允许**分支线路**接入，因而每个用户都能得到服务。同轴电缆刚性较大，随着温度的变化以不同的速率膨胀或收缩，所以人们很容易通过其**伸缩节**来识别。因为与承力钢绞线的膨胀系数不同，所以如果没有这个伸缩元件，同轴电缆可能会因过大的应力而损坏或老化，甚至将自己从连接点中拔出。

如今的电视和电话运营商通常将光缆与铜线或同轴电缆组合使用，以传输更高质量、更可靠的信号。这些光缆利用玻璃或塑料光纤束来传输脉冲光信号。光信号不受电磁场干扰，可以在很少损耗的情况下远距离传输。有时光缆外部会包裹橙色（或黄色）的**标记**或护套，使自己与电话线路和有线电视线路区分开来。

光缆网络的设计通常考虑了未来的发展需求，因此含有一定的光纤冗余。光缆的一个主要挑战是接头处理，电缆的接头只需简单的物理连接，而光缆不同，它需要更精细的操作，以免光信号的散射或反射损失。首先，单根光纤的外层必须被剥去、清洁、切割、对齐和精确地连接，这通常使用热熔技术来实现。许多公用事业机构倾向于在专用的光纤熔接车上添加新接口或维修光缆，而不是在梯子或高空作业车上执行这种精细操作。这意味着光缆需要有足够的余长才能被放到地面，这些**余缆**通常沿主线留置。光缆不能有尖锐的弯曲或扭结，否则光纤可能会被折断。**余缆架**可以在不损坏光缆的情况下储存余缆，并容许光纤改变方向。

注意看

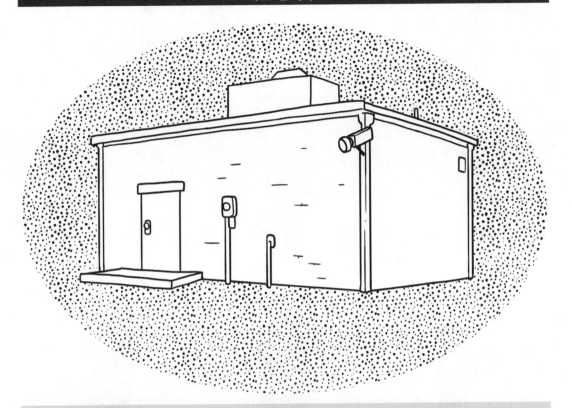

　　铜线电话系统的电信号很弱，通常无法远距离传输。这意味着几乎所有本地电话交换机都位于我们生活和工作的几千米范围内。虽然现在大多数的通信交换都发生在数据中心的服务器上，但是很多原始的交换楼仍在使用，它们也被称为移动交换中心。移动交换中心由服务运营商拥有，内部有连接各个用户和大型电话网络的设备和交换机。它们只是一个没有窗户的建筑，除非仔细观察，否则你很难将其认出来。交换楼的一些明显特征是安防摄像头、用于冷却设备的空调，以及在停电时为系统供电的备用发电机。

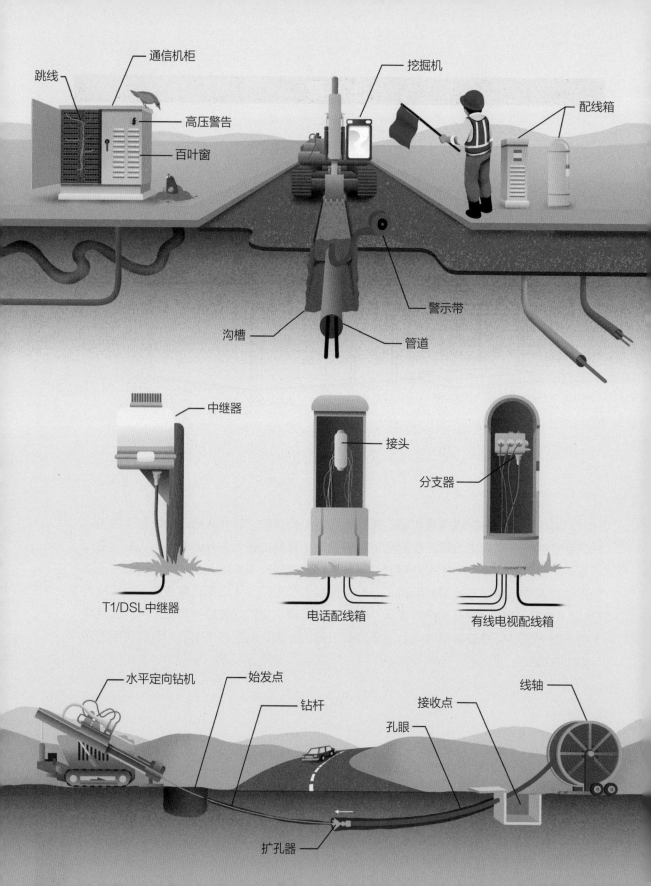

跳线
通信机柜
高压警告
百叶窗
挖掘机
配线箱
警示带
沟槽
管道
中继器
接头
分支器
T1/DSL中继器
电话配线箱
有线电视配线箱
水平定向钻机
始发点
钻杆
接收点
线轴
孔眼
扩孔器

管道敷设通信线路

管道敷设通信线路与电线杆上的架空敷设通信线路相比，有一些明显的优点。首先，管道敷设通信线路不需要承受因跨越电线杆而产生的自重牵引力，所以不需要搭配钢绞线使用；其次，它们不扎眼，避免对景观产生破坏；最后，管道还能保护通信线路不受鸟类、松鼠、大风、冰雪、光照，以及失控车辆撞击等各种威胁。虽然管道敷设成本较高，但因其具有较高的可靠性，得到了广泛的应用。

用于保护通信线路的**管道**有两种基本施工方法：**挖沟**和**定向钻孔**。挖沟是通过**挖掘机**在地面挖出一个**沟槽**，管道被放进沟槽内，然后用土壤回填。回填时需要沿管道敷设地点埋警示带，以提示未来在附近进行开挖作业的人此处有通信线路经过，要注意保护。一些**警示带**甚至含有导线或钢丝，以便在未来作业时可用探测器从地面探测线路走向。挖沟的主要缺点有：对地表造成破坏；施工期间必须封闭施工区域；回填沟槽后需要修复人行道、道路和草坪等，而这些修复的部分往往远不如原来的耐用和美观。

相较而言，定向钻孔施工减少了对地表的破坏，可以在不开挖的情况下将管道安装到**孔眼**中。在穿越湍急的河流、拥挤的城市、不便开挖的重要道路时，这种方法极为有利。工作人员需要用**水平定向钻机**在**始发点**和**接收点**之间钻一个导向孔，安装在**钻杆**上和地面的传感设备被用于跟踪地下的钻进路线。钻杆的前端设有不对称钻头，它可以调整钻头的钻进方向，使钻杆朝正确方向平缓地前进。钻出导向孔后，钻杆前端会连接一个**扩孔器**，它能在回拉时实现扩孔，同时将管道从**线轴**拉入孔眼中，形成连续的通道供电缆敷设。

由于隐藏在地表之下，你无法像观察架空通信线路那样观察地下通信线路。但这些电缆最终都必须露出地面，以满足使用需求，所以你还是有大量的机会去发现它们。与管道敷设通信线路相关联的最简单结构是**电缆夹层**，一个连接各段地下管道的井筒，可通过地面的井口和井盖辨认，并且井盖上一般会标明井筒内含有几种电缆。

与管道敷设通信线路相关联的另一个设施是**通信机柜**。这些机柜被置于地面上，包含许多不同服务商的各种设备，如果要知道里面确切有什么，你必须像侦探一样去观察。第一个线索是机柜上的标签，有时你可以在机柜标签上看到公司名称和联系方式，以此推断里面有什么设备。通常，这些机柜是简单的连接点，位于便于操作的位置，方便人们从大容量的干线或馈线上分接服务用户的分配线。在这种情况下，机箱内往往装有**跳线**[1]设备，以允许技

---

1 跳线的作用是调整设备上不同电信号的通断关系，并以此调节设备的工作状态，如确定主板电压、驱动器的主从关系，等等。

术人员连接有线电视线路、电话线路或光缆。

一些通信机柜内装有有源设备（即带电设备），比如为有线电视网络供电的电源，将光纤信号转换为可使用同轴电缆进行传输的射频信号的光学节点等。此时，机柜上可能会有**高压警告**，并且设有**百叶窗**，为这些有源设备通风散热。

最后，这些机柜可能还含有更复杂的设备，比如集中器。它可以将各个电话用户的信号数字化，并将它们合并成直通中心局的光纤信号。与直接通过电话线路连接交换中心相比，集中器让信息传输速度更快，信号更保真，使通信公司可以服务于更多用户，并提供更高质量的语音和高速通信服务。

管道敷设通信线路的另一个标志是**配线箱**。这种无处不在的箱体通常是管道电缆的终点，用于有线电视服务、电话服务或其他通信服务，较粗的分配线和直接服务用户的细线在此连接。它们通常包含一个检修门或者一个允许拆除的外壳，以便技术人员执行连接或故障排除等操作。**有线电视配线箱**通常包括一个连接多个用户分支的**分支器**。**电话配线箱**通常只用于隐藏电缆**接头**，没有其他特别的设备。

与管道敷设通信线路关联的最后一个设备是**中继器**。T1 和 DSL 是两种常见的高速数字信号，可以沿标准电话双绞线传输。其频率比语音信号高，不过远距离传输会让高速数字信号严重衰减和失真。在交换机间距更长的农村地区，通信线路通常需要中继器来维持信号保真。中继器通常被装在类似油漆罐或瓦罐形状的防水外壳内，间隔一定距离出现在线路上，通常是每隔 2~3 千米布置一个。

注意看

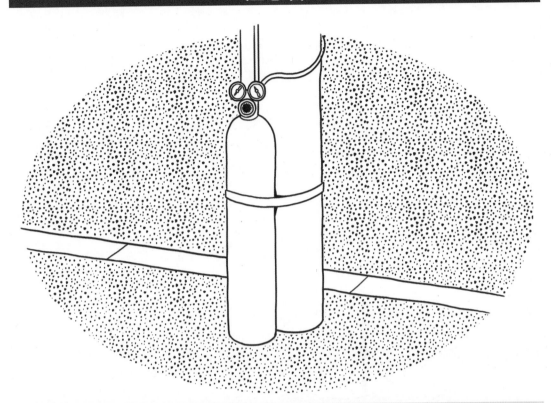

　　除了成本，管道敷设通信线路还有一个天敌：水汽。雨水、融雪和地下水，都有可能渗入敷设通信线路的管道。进入电缆护套的水汽，不仅会造成电缆腐蚀，还可能导致电缆短路和信号劣化。与同轴电缆和光缆相比，水汽对电话线路的影响最大，因为电话线路由许多独立的铜线组成，对绝缘的要求更高，而早期的绝缘材料质量较差，给了水汽可乘之机。为了抵御水汽的侵入，许多通信线路利用压缩机向护套内压入空气。压缩机通常位于交换中心附近。不过，你也有可能在人行道或街边看到给电话线路加压的氮气瓶。加压可以有效防止水汽侵入电缆护套。通信线路微小的破损或孔隙，都会导致空气或氮气随着时间的推移逸出，让护套内的压力水平急剧下降。不过，技术人员可以通过压力监测，提前发现线路问题，避免发生严重的侵蚀。虽然大多数较新的电话线路使用填充防水凝胶的方法替代充气，但仍有许多线路采用充气的方式，这展现了气压在故障预防性维护中的巧妙运用。

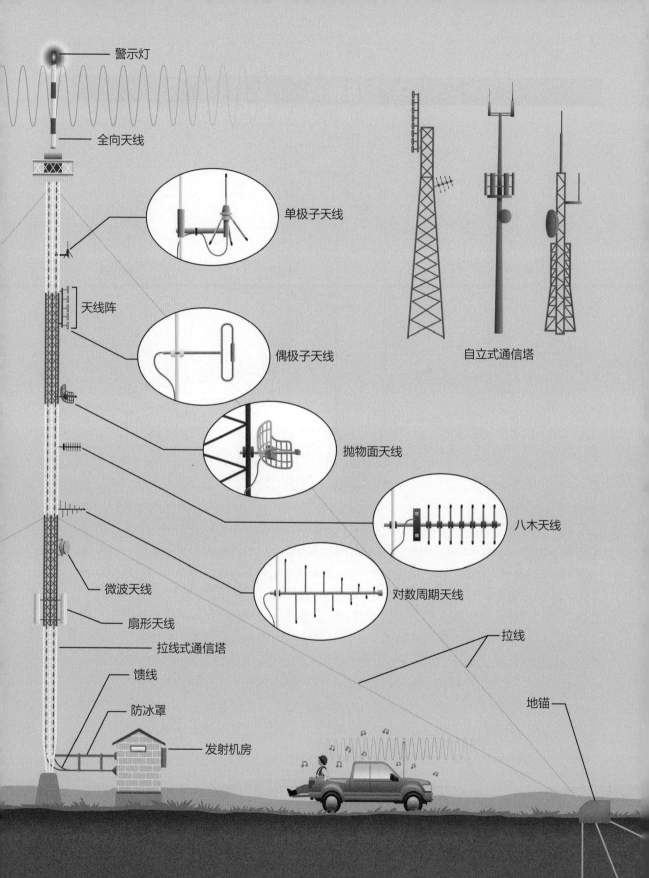

警示灯

全向天线

单极子天线

天线阵

偶极子天线

抛物面天线

八木天线

对数周期天线

微波天线

扇形天线

拉线式通信塔

馈线

防冰罩

发射机房

拉线

地锚

自立式通信塔

无线通信塔

无线通信利用看不见的电磁波在空间中传递信息，这个简单但出色的技术应用于各种无线设备，从车门遥控开关到手机。如果人类能感知所有电磁波，一定会因空间中密布的信息量和信息种类而感到震惊。

许多用于无线通信的电磁波，包括电台和电视台使用的电磁波，都需要有清晰的传播路径，即发射机和接收机之间要相对通畅无障碍。无线通信信号沿直线传播，通常无法绕过地平线，这就是为什么许多天线安装在极高的**通信塔**（也被称为信号塔、天线塔）的塔顶，天线越高，信号传播得越远。通信塔是世界上最高的人造结构之一，许多通信塔的高度超过 600 米，以至于经常对飞机构成威胁。因此通信塔一般会涂刷红白相间的警示色，并在塔顶加装**警示灯**。这些铁塔在现代社会中发挥着关键作用，广泛用于无线通信、电视信号传输，以及应急通信等。

通信塔有多种形式，但主要分为两大类（不包括高楼顶部的通信塔）：**自立式**和**拉线式**。自立式通信塔是一种独立支撑结构，通常具有宽大的底座，由钢材或混凝土制成，仅依靠塔体自身抵抗大风等荷载。自立式通信塔占地面积相对较小，适合用地成本高昂的城市地区，但由于需要额外的材料抵抗侧向荷载，其建造成本往往较高。

拉线式通信塔通常是由多根钢缆（拉线）支撑的塔桅结构，不用依靠自身刚度承受风带来的水平荷载，而是依靠拉线提供侧向支撑，所以塔体通常很细，足以支持其自重即可。事实上，一些拉线式通信塔底部甚至呈细尖状，以便塔体随风转动，而不是弯曲或弯折。拉线通常以等边三角形的形状布置，以便承受不同方向的水平荷载。

根据场地的土壤或岩石类型及预估荷载的不同，人们采用不同方式将拉线固定在地面上。**地锚**通常包含一个或多个钻孔，孔内植入钢筋并灌注混凝土，以与大地形成刚性连接。由于拉线从塔基向外伸出很远，所以拉线式通信塔所需占地面积远大于自立式通信塔，大多位于土地比较便宜的农村地区。

娱乐节目的信号从无线电发射机传到通信塔进行广播。无线电发射机通常位于环境可控的**发射机房**里，远离塔体。对于 AM 电台[1]而言，塔体本身就是天线，塔基处设有调制间，内置了将发射机的功率有效传递到塔顶的设备。对于 FM 和电视台而言，**馈线**（也被称为传输线）将信号从发射机传送到塔顶的天线，再利用天线发射电磁波信号。在寒冷地区，从发射机房到塔基的水平馈线常用**防冰罩**进行保护，以防落冰导致的损坏。由于通信塔相

---

1 AM 即调幅广播，辐射范围大，多为大电台。FM 即调频广播，辐射范围小，多为针对性较强的电台，如学校电台。

当昂贵且影响景观，所以通常由多个用户或站点共用（被称为共享铁塔），以节省投资并减轻对环境的影响。通信塔的拥有者向电台、电视台、公安机关、消防部门和其他政府机构及各种私营公司出租发射机房和塔体空间，以便它们安装各自的无线通信系统。

和通信塔类似，天线也有各种有趣的形状，形状的采用取决于信号发射的频率、方向和功率。**全向天线**需要将无线电波均匀地辐射到所有方向，所以通常呈圆柱形。全向天线包括**单极子天线**，该天线由直线形的导电体构成，被安装在一个接地平面上（这个平面可以是实际的地面，也可以是人造的呈辐射状的水平导电平面）。**偶极子天线**是另一种全向天线，由两个相同的辐射元件组成，两个元件对称放置，一个位于另一个上方。

定向天线将无线电波聚集在特定方向上，有很多种类型。**抛物面天线**使用实心或网状抛物面反射和聚集无线电波。**八木天线**使用一个有源振子和几个无源元件，将无线电波聚集到所需的方向上。与其外形相似的**对数周期天线**使用一系列长度略有不同的振子，发送或接收广泛的无线电频率。简单的天线元件，如偶极子，可以组成**天线阵**协同工作，将无线电波聚集为一束或形成特定的辐射模式，改变辐射场的强弱和方向（许多其他类型的天线，比如用于蜂窝电话服务的天线，会在另一节中进行讨论）。

与所有的基础设施一样，通信塔也需要周期性的维护。接受过高空作业和电工培训的技术人员可以对通信塔进行检查和保养。非常高的塔可能配有电梯，以便粉刷、维修和更换设备，对于较矮的塔只能攀爬到塔顶。

尽管无线通信所用的频率不会导致电离（意味着这些波无法分裂原子），但这并不意味着它们不具有危险性。电磁辐射可以在含水物体（包括人体）中产生热量，比如微波炉利用这一效应来加热食物，所以人们一般会被限制接近高功率发射的天线。维护通信塔的工作人员也必须与有源天线保持距离，或在作业前关闭它们，以避免接触有害辐射。

注意看

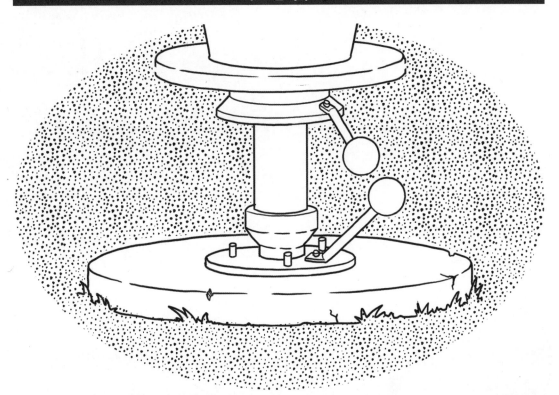

　　AM 无线电信号使用非常低的电磁波频率，因此需要非常大的天线来有效地辐射信号。在大多数情况下，AM 电台使用金属塔身作为天线进行广播，这使得整个塔都带电，因此塔必须与地面隔离。仔细看，这些塔通常完全坐落在陶瓷绝缘体上，从而与地面完全隔离，这也带来了许多有趣的挑战，其中之一是如何防止铁塔及塔上的设备免于雷电伤害。许多 AM 通信塔使用火花间隙来保持塔体的绝缘，同时确保电压突波能够安全地泄放到地面。在正常使用期间，电流不会击穿间隙。然而，如果雷电击中塔体，间隙间的空气就会离子化，形成电弧，为电压突波提供一条通往地面的导电路径。

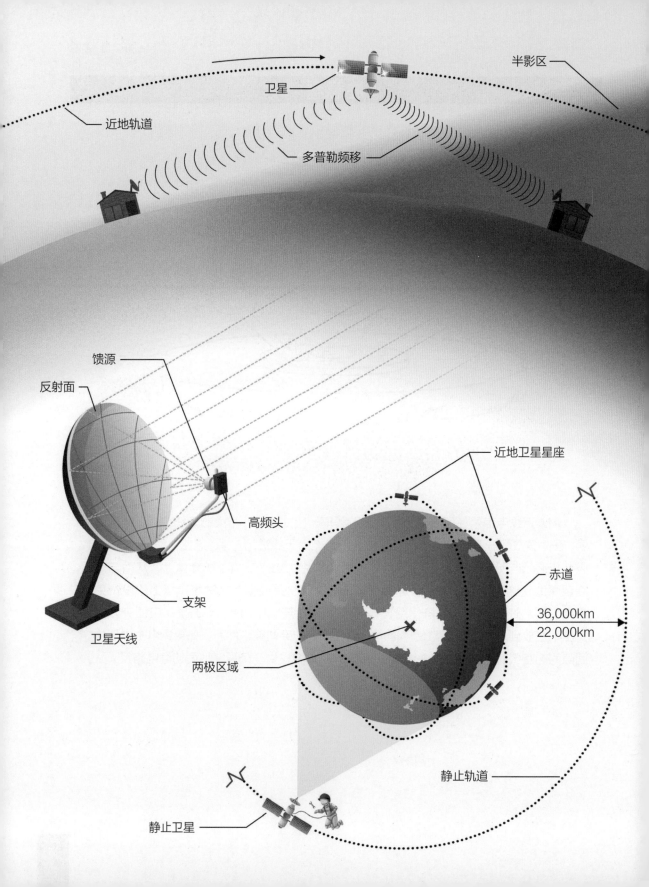

半影区

卫星

近地轨道

多普勒频移

馈源

反射面

高频头

支架

卫星天线

近地卫星星座

赤道

36,000km
22,000km

两极区域

静止轨道

静止卫星

卫星通信

出于经济性、可行性和安全性的考虑，通信塔的高度存在实际限制，这也限制了天线的高度。幸运的是，人类想到了另一种方法，将天线置于高空，也就是用火箭将**卫星**发射到地球上空的轨道。就覆盖范围而言，卫星是无线通信的巅峰。许多卫星可以同时向地球三分之一的区域发送（接收）无线电信号，这个范围远远超过最高的通信塔。如今，利用卫星可以提供各种通信服务，包括电台、电视、互联网、电话、导航、天气、环境监测，等等。用于通信的卫星本质上是一个中继器，可以接收来自地面某个位置的信号，并在将其放大后定向发送回地球上的其他位置。这种中继方式创建了一条通信路径，该路径不仅不需要有线连接，而且其通信范围也不像地面天线那样受限于地球曲率。

通信卫星可以在不同轨道上围绕地球运转，卫星的速度与其轨道高度直接相关，轨道越高，卫星绕地球一圈的时间越长。**近地轨道**卫星每天绕地球很多圈，只会在一个特定区域的上空停留很短的一段时间。多个覆盖范围有重叠的卫星组成**近地卫星星座**，可以提供持续的通信服务。近地卫星星座体系中的每颗卫星都依序布置，可以使地面上任何位置随时都保持至少有一颗卫星可见。由于更接近地球表面，近地轨道卫星发射和接收信号所需的功率更小，通信延迟也更小，而且不需要大型天线来接收信号。事实上，你口袋里可能就带着一个定期与近地轨道卫星通信的天线——手机中的 GPS 天线。然而，近地轨道卫星需要考虑**多普勒频移**效应，因为相对于地面的观测者，卫星的移动速度非常快，电磁波会在卫星接近天线时发生多普勒压缩，远离天线时发生多普勒展宽，这使得接收和解码信号的工作更加复杂。

在约 3.6 万千米的高度上，卫星的**轨道周期**是 24 小时，恰好等于地球自转一圈的时长。因此，处于地球**赤道**上空该高度的卫星会随着地球自转同步移动，始终保持在地面上空同一位置上，这个轨道称作地球**静止轨道**，处于静止轨道上的卫星被称为**静止卫星**。虽然向高悬于地球上空的轨道发射卫星需要付出巨大努力，但静止卫星确实有明显优势，因为它相对地面不动，天线的设计得以简化，使天线可以朝向固定方向。静止卫星的覆盖范围也很大，可以覆盖大约 40% 的地球表面，只有地球的**两极**区域难以覆盖。

静止卫星的一个限制是，它们只能停留在赤道上空的一个环带上，即克拉克带上。为避免卫星之间的信号干扰，国际电信联盟在该环带上像划分地块一样划定出每个卫星的位置（也被称为**时隙**）。静止轨道非常拥挤，以至于卫星有等待列表。一旦有卫星到达使用寿命，它就必须退出其轨道位置，以便替换别的卫星或被等待列表上的新卫星取而代之。

静止卫星距离地球太远也是一个不利条件，通过如此远的距离发送和接收无线电信号是一个巨大挑战。用来克服这种距离的卫星天线易于识别。**卫星天线**使用抛物面形的**反射面**来接收微弱的无线电信号，并将它们聚集到喇叭（即**馈源**）上。这个金属锥体将电波再传输到**高频头**，高频头是卫星天线的核心，包含了执行两个主要任务的电子电路。第一个任务，将微弱的无线电信号放大至更实用的水平。第二个任务，将用于长距离无线传输的高频信号，变频至更适合通过电缆高效传输的低频信号。

向静止卫星发送信号的天线通常要大得多，但其工作原理与卫星天线相同。它有放大和转换频率的设备，也有一个用于将电波传向天空预定位置的反射面。支撑天线的**支架**可以安装在固定托架或由电机驱动的跟踪托架上，这取决于天线与一个还是多个地球静止卫星通信。

有些卫星足够大且反光性足够强，在夜间，人们可以从地面上看到它们。事实上，如今围绕地球运行的卫星非常之多，以至于观测卫星已经成为一种流行的爱好。许多网站用于追踪卫星的轨道，预测在何时何地可以看到它们，以及预测它们在天空中会有多亮。这种亮度来自太阳能电池板或卫星光滑表面对阳光的反射，因此卫星在黄昏后和黎明前的几个时段最容易被观察到。因为在这些时间段，地球阴影使天空变黑（形成**半影区**），而阳光又足够接近地平线，可以照亮高空中的物体。围绕地球运行的最著名的卫星是国际空间站，它也是最大和最明显的一个卫星。这个现代工程奇迹快速穿过夜空的壮观景象，每个月都能被世界上大多数地区的人们看到几次。

注意看

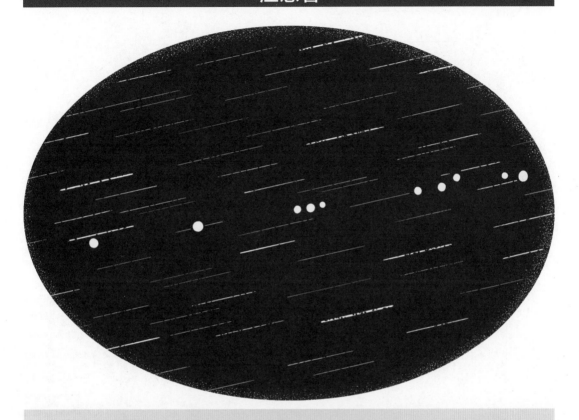

　　由于静止卫星的轨道距离地球更远，所以静止卫星始终都能受到阳光的普照。然而，这种距离也意味着它们在夜空中看起来要暗得多。通常，这些卫星只能用望远镜来观察，但还有另一种聪明的观察方法：长曝光摄影。将相机支在三脚架上，对准地球赤道上空，将快门调至两到四分钟。在这张照片中，你会看到因地球自转而在相机里显现的恒星星轨。但是，如果仔细观察，那么你就会看到一排明显的光点，这些就是和地球以精确的同等旋转速度同步的静止卫星，因为它们始终在天空的同一部位，所以不会像其他星球那样出现星轨，而是形成明亮的光点。

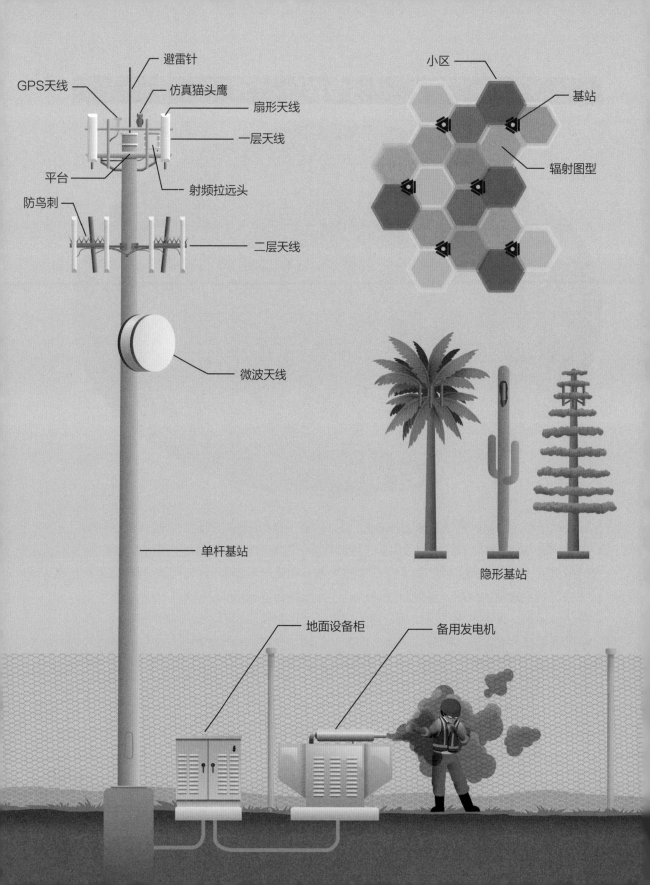

避雷针

GPS天线

仿真猫头鹰

扇形天线

一层天线

平台

射频拉远头

防鸟刺

二层天线

微波天线

单杆基站

小区

基站

辐射图型

隐形基站

地面设备柜

备用发电机

蜂窝通信

大多数无线通信要么是单向广播信号（例如 AM 和 FM 无线通信），要么是有限用户间的双向传输（例如警察调度网络）。电磁频谱中用于独立通信"信道"的电磁波段是有限的，因此，针对这些有限波段的竞争非常激烈。无线电用户间的竞争更为激烈，包括公共安全组织（如公安和消防部门）、军队、航空交通管制相关部门、电视台和无线电台等。如何使公众普遍获得无线电话和互联网连接服务是一项重大的工程挑战。仅利用一小段频率范围，无线运营商就找到了各种创新方法，将任何拥有移动设备的用户连接到通信网和互联网中。实现这一点的基本创新是将大服务区块划分为蜂窝**小区**，这也是"蜂窝通信"这个名称的由来。

在尽可能高的铁塔上安装通信天线，以覆盖尽可能大的区域，尽管看起来更经济，但一次只能容纳少量的用户连接。因为每个用户都要占用一个无线电波段。所以，相反地，运营商将服务区域划分为小区，并且安装了许多小型天线，为一定范围的用户提供服务。因为非邻接的小区可以重复使用同一信道（如上页插图所示），所以这种策略仅利用几百个信道，就实现了每天进行数十亿次独立的无线通信。每个运营商都建立了自己的蜂窝网格，覆盖除偏远地区外的所有服务区域。理想情况下，每个小区都是规整的六边形网格，但实际上小区的大小和形状由地形、天线安装位置，以及用户的需求量决定。人口密集区域的小区更小，而农村地区的小区可以更大。

为了建设这些蜂窝小区，基站必不可少。**基站**（也被称为**移动通信基站**）具有为一个或多个蜂窝小区提供服务所需的全部基础设施，通常包括通信塔、天线、放大器、信号处理设备及信号收发器，有时还包括电力中断时可用的**备用**电池或**发电机**。

用于安装天线的基站无所不在，对大家来说应该是一个熟悉的建筑。在城市中，它们通常是**单杆**或塔架结构。信号处理通常是由基站附近的**射频拉远头**完成的，有时也是在**地面设备柜**中的无线电设备上完成的。**避雷针**用于保护敏感设备免受雷击。天线上还需安装一些驱赶装置，以防野生动物的破坏。如果仔细观察，你会看到各种创造性的解决方法。最常见的**仿真**肉食动物（通常是**猫头鹰**）可以吓走鸟类，塑料**防鸟刺**可以防止鸟类在天线上攀爬或栖息。你还可能会在塔上看到一个 **GPS 天线**，这个天线通常呈"鸡蛋形"，用于从卫星接收精确的时钟信号，这是信号处理设备实现同步所必需的。

不过，基站并不总是一座塔。在城市区域，只要仔细观察，你就会发现很多高大结构上都有天线，包括楼顶、水塔、电线杆，甚至广告牌。事实上，围绕蜂窝基站安装的租赁空间存在着一个高度发达的经济体系。和房地产市场一样，这个空间拥有代理商、投资公司等所有参与者。通常，多家通信运营商会共享通信塔或大楼，以节省建设成本，同时减少这种碍眼的基础设施对景观的影响。因此，同一座通信塔上有两层或**多层天线**是非常常见的。隐藏基站并减少环境影响的另一种方法是将基站伪装成更自然的东西，如树或仙人掌。有些**隐形基站**比这还要隐蔽得多，大家可以去寻找一下。

人们几乎总能在基站上看到一组用于发送和接收移动设备信号的**扇形天线**。这些天线的方向性很强，通常可以覆盖 120° 的范围，以保持蜂窝小区间的明确边界。通信塔顶的三角形**平台**用于安置这种天线，可以为三个小区提供服务，天线的方向都经过了精心调整，以免与相邻小区互相干扰。你可能会注意到，有些天线向下倾斜，这样做是为了减少信号超出蜂窝边界进而扩散的可能性。天线的**辐射图型**大致为扇形，每个扇形之间都有重叠的部分，以便设备在从一个小区移动到另一个小区时，可以轻松实现数据切换。如此，天线的服务范围就大致是一个六边形网格。

每个基站与核心网的连接被称为回程，在大多数情况下，蜂窝基站的回程是使用光缆连接到最近的交换中心。在不便于光缆敷设的情况下，运营商可以使用无线回程。你偶尔可以在基站上看到类似低音鼓的圆形凸起，它实际上就是用于无线回程的高容量**微波天线**，保护罩内部是类似于收发卫星信号的抛物面天线。这些天线是定向的，顺着其中一个天线的指向，一定可以在另一座基站上找到与它配对的天线。

蜂窝通信的基础设施可能是本书涵盖的所有主题中发展最为迅速的。它起初只是提供移动电话服务的一种手段，现在已经成为许多人访问互联网的主要途径。语音通话已经成为移动电话的次要功能，以至于许多人倾向于使用"移动设备"而不是"移动电话"这个词。随着越来越多的装置获得互联网连接（被称为**物联网**），对高速无线服务的需求只会继续增加。无线运营商将不得不继续创新，这意味着未来的蜂窝通信设施，可能会与现在的大不相同。

注意看

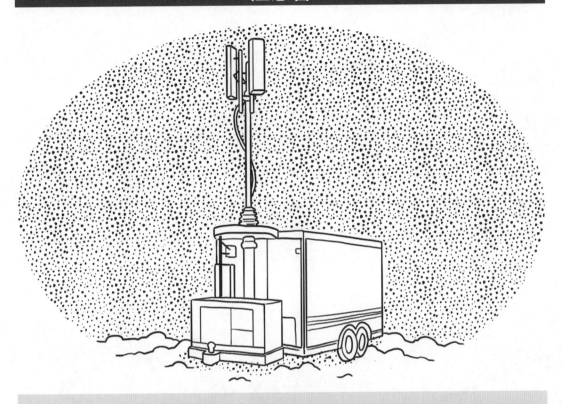

　　在大型体育赛事和音乐会期间，蜂窝网络的需求量可能远超其容量。此外，在灾害和紧急情况下，现有的通信网络可能会被破坏，此时蜂窝网络却往往无法满足需求。移动蜂窝站点解决了这些问题，它可以按需扩展蜂窝网络，以增加容量或临时搭建服务区域。这些装在卡车或拖车上的可伸缩塔，被亲切地称为车载基站，它们可以在任何时候快速部署。下次你在参加重大活动时，可以留意拖车或卡车上装有的伸缩塔。当你想使用电子门票或发送活动视频时，请不要忘记感谢它们的蜂窝服务。

3

道路

简介

    在我们的基建环境中，道路可能是最不引人注目的，但它们几乎和空气一样无处不在。有了道路，你几乎可以从任何地方来，到任何地方去。正如："其实地上本没有路，走的人多了，也便成了路。"古往今来，道路一直以某种形式存在，差异只在于早期的道路可能没有那么安全、舒适，也无法像如今的道路系统那样，可以承载繁忙的交通和巨大的重量。近些年来，人们对街道和公路的需求一直都只增不减，越来越多的人和货物在路上，准备去往自己的目的地。现在的道路承载的交通量确实比以往任何时候都要多，出于这种需求，道路的设计和建设也与时俱进。因为道路无处不在，以至于我们很容易忽视其价值。但那些研究、设计、建造和维护道路系统的工程师、承包商和施工队，知道其对人们的出行和货物运输多么重要。不管你是否喜欢沿途的风景，你都应该惊叹于这样的事实，即在世界上的大多数地方，人们可以轻松、舒适地使用道路，借助公共汽车、小轿车、自行车、卡车、摩托车甚至滑板车去向远方。

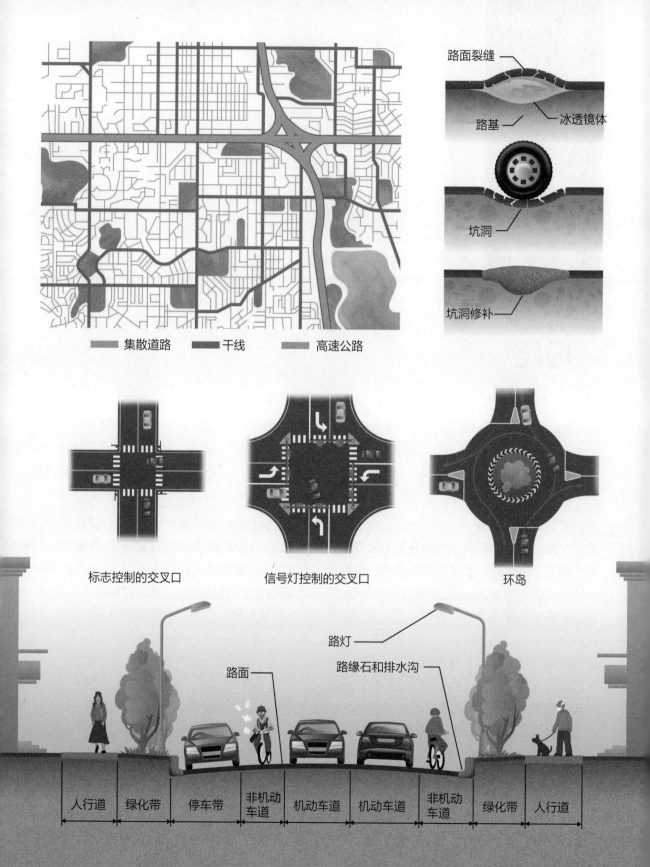

路面裂缝

路基 冰透镜体

坑洞

坑洞修补

集散道路 干线 高速公路

标志控制的交叉口 信号灯控制的交叉口 环岛

路灯

路面 路缘石和排水沟

人行道 绿化带 停车带 非机动车道 机动车道 机动车道 非机动车道 绿化带 人行道

城市干线和集散道路

在过去 100 年里，没有什么比汽车对城市规划的影响更大。随着汽车在 20 世纪初爆炸性的增长，汽车出行已经变成了城市的日常交通方式，城市也因此需要更多道路来容纳日益增长的交通流量。城市和人体结构有许多相似之处，道路也不例外。实际上，城市中的道路常被类比为心血管系统：**高速公路**就像"主动脉"，容量大，目的地单一；小的**集散道路**就像"毛细血管"，容量不大，但可以连接每幢住宅和商业楼；高速公路和集散道路之间的**干线**就像"小动脉"，串起城市中心和卫星城市。所有的这些道路共同形成了城市的交通网络，实现了"条条大路通罗马"，人们可以乘坐汽车在地图上的任意两点之间高效且舒适地旅行，或满足其他交通需求。

在大多数情况下，城市干线和集散道路不仅仅为汽车服务，也为卡车、自行车、行人、公用设施线路、给排水系统甚至雨水汇流提供路径，因而可以说它们组成了城市的循环系统。尽管每条道路都有所不同，但大多数城市道路还是有共同点的。本节概述了城市道路中的最常见元素。

首先来认识道路的交叉口，也就是十字路口。所有道路都可能与另一道路在地面交叠，换句话说，在同一平面产生交叉口。由于交叉口共用空间，所以同一时刻只能容纳有限的车辆通过，这容易造成车流中断。这些交叉口也是绝大多数碰撞发生的地方。因此，道路工程师在设计交叉口时，投入大量精力去思考和分析，以使其尽可能地安全、高效。要解决这一难题，他们就需要在诸多矛盾点之间进行平衡，包括空间、成本、交通类型、交通数量，以及人的因素，如人们的习惯、期望、反应时间，等等。

最简单的**标志控制的交叉口**使用停止或减速等标志来引导交通流量。这种方式最节省成本，而且不需要额外的空间，但由于每辆车在通过交叉口时都需要短暂的停留，所以交叉口容量非常有限，也不太安全。**信号灯控制的交叉口**（后文会介绍交通信号灯）使用不同颜色的灯光来引导车流的通行。还有一种交叉口叫作**环岛**，引导车辆围绕中心岛行驶，形成环形交通，可以一直保持交通流动。尽管比其他类型的交叉口占用更多空间，但它确实有明显优势。首先它避免了车辆在交叉口的启停，交通效率更高，而且环岛处车速较慢且单向行驶，也减少了碰撞的危险。当然，这三种只是基本的交叉口，它们能细分出很多不同的形式。道路工程师为保持交叉口的安全、高效，做了很多努力。如果驾龄够长，那么你应该看到过五花八门的交叉口布局。

道路由供机动车行驶的**机动车道**组成，有时也包括**非机动车道**和**停车带**。道路表面通常在中间形成路拱，向两侧倾斜以便排水。在道路两侧的边缘，**路缘石**将**路面**与其他构造物分隔开，**排水沟**为雨水提供了排泄路径。许多城镇的道路和**人行道**之间还留有狭窄的缓冲带，用于在疾驰的车辆和脆弱的行人之间留出安全缓冲区。这片缓冲带还有许多不同的名称，比如**绿化带**、隔离带等，并且它也为电线杆、道路标志和路灯等设施提供了安装位置。

可惜路面并非牢不可破，城市驾驶中最常见的麻烦就是**坑洞**。它们确实很让人恼火，但它们带来的麻烦不止于此。坑洞每年对车辆的轮胎、轮毂和减震器等部件造成高达数十亿美元的损失（美国的统计数据）。更重要的是，坑洞非常危险。如果疾驰的汽车为躲避坑洞而突然转向，那就极易造成事故。如果自行车、摩托车或滑板车压上坑洞，那么骑手很可能会面临摔倒的危险。

坑洞是逐步形成的，起初坑洞可能只是路面的破损或开缝，这种**路面裂缝**看似无害，但对道路系统来说却是关键的隐患。因为它们为雨水提供了下渗通道，路面下方的土壤吸水后会软化，从而削弱**路基**强度。在寒冷地区，渗入的水还有可能因冻结而形成一种叫作**冰透镜体**的构造。水在结冰时膨胀，巨大的膨胀力甚至可以把基层和路面分开。当这些冰透镜体融化后，原本支撑路面的冰下退，路基就会形成空洞，路面就会失去支撑。每当轮胎碾过这个软弱的区域时，产生的振动都会把一些水和路基基层土壤挤出路面。起初这只是一个缓慢的过程，但每挤出一点土，地基就会进一步被侵蚀，路面又少了一分支撑。这也意味着地基中有了更多可以让水因车辆挤压而泵出泵进的空间，水和土壤会更轻易地被挤出，进而形成路基侵蚀的恶性循环。长此以往，路面就会因失去足够的支撑而损坏，产生断裂并形成坑洞。

坑洞破坏性大且危险，相关交通管理部门每年花费大量时间和金钱来预防坑洞的形成，同时不断修补已经出现的坑洞。预防措施主要是封闭裂缝，以防水的渗入。**坑洞修补**的方法因材料、成本和气候条件的不同而有所不同，但主要都在做同一件事：补填流失的土壤和路面，并封闭破坏的区域，防止水再次渗入路基。如果坑洞修补材料与原路面衔接不好，同一位置很可能会反复地受到破坏，进而反复出现坑洞。

注意看

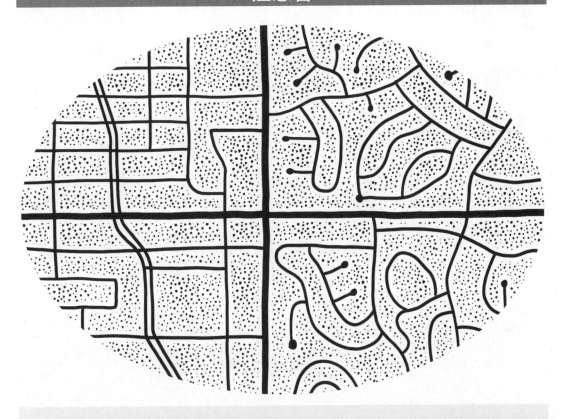

　　城市街道的布局，在世界各地的不同城市中都有所不同。许多城市采用合理的网格状布局，这种布局历史悠久，许多早期的城市都是这种直角交叉的街道布局。这种模式便于人们辨认方向，并为出行者提供多种路线选择。然而，它也有一些缺点，例如交叉口实在太多，而这正是车祸最容易发生的地方。此外，网格状布局中几乎每条街道都是**贯穿**区域的道路，交通流量巨大，会给环境带来很多不太友好的噪声。

　　许多新的社区与主要的交通网络分离，以免交通流量过大。这些社区所在的街道以弯曲的环路、"T 字形"交叉口和**死胡同**的形式布局，可以降低交通速度，减少车祸频次。这些社区仅在少数几个位置与主干道相连，因此行驶在社区内部的车辆主要都是由社区居民驾驶的，他们更有可能小心驾驶，以保证安全。然而，这种街道布局也并不是没有缺点，离散的、迂回的路线常常使除驾车出行以外的交通方式变得困难。在世界上许多地方，现代社区的规划更关注提高行人、非机动车和公共交通的可达性。

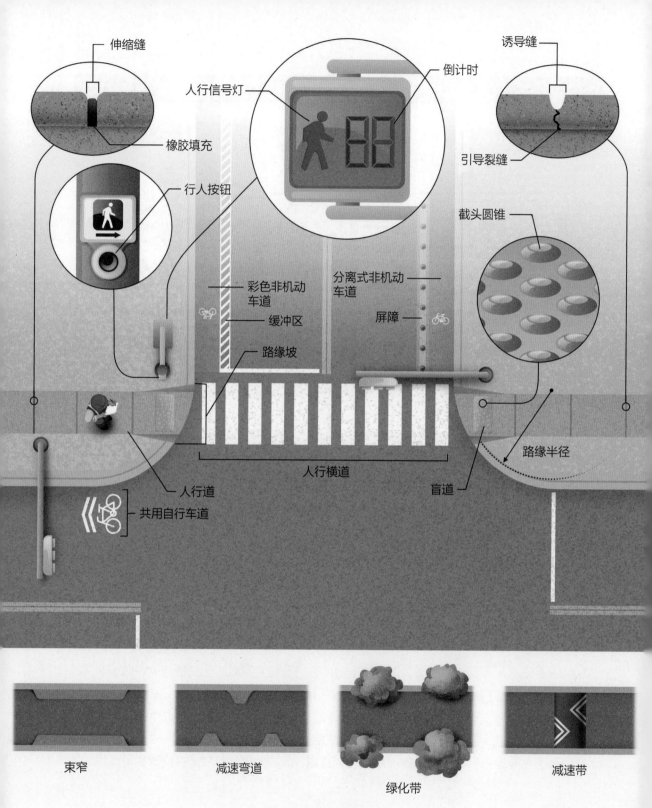

伸缩缝

橡胶填充

人行信号灯

倒计时

诱导缝

引导裂缝

行人按钮

彩色非机动车道

分离式非机动车道

缓冲区

屏障

截头圆锥

路缘坡

人行横道

路缘半径

人行道

盲道

共用自行车道

束窄

减速弯道

绿化带

减速带

交通稳静化措施

行人与非机动车基础设施

我们现有的道路系统在设计上大多只考虑了一个性能指标：汽车交通出行的安全和高效。虽然曾经有一段时间，汽车在我们的城市生活中并不那么重要，但在过去 100 年左右的时间里，它仍是城市规划和设计的主要考量因素。然而，这种以汽车为中心的规划理念，减弱了其他城市道路使用者（比如行人和骑行者）的便利程度。许多地方都面临相同的困境，如果你想用除私家车以外的方式在城里走动，你会在路上遇到一系列不便和危险。可喜的是，城市的建设者已经意识到步行和骑行的便利性也非常重要，而且开始将它们纳为衡量城市是否宜居的关键因素。如今，我们希望建设更完美的街道，以平衡每一个道路使用者的安全和便利。

人行道通常是一条与街道分离的狭窄通道，也是最明显的行人基础设施之一。人行道的路面可以用各种材料建成，但大多数城市都使用混凝土。这种路面看似简单，但其设计和施工涉及的工程原理相当多。混凝土开裂是不可避免的，树根的侵入、冻融循环导致的土壤胀缩，以及车辆碾压产生的额外负载等，都可能导致路面裂缝。很多人行道会人为地设置**诱导缝**，以在规定的位置**引导裂缝**形成规则图案，以免产生难看的随机裂缝。此外，混凝土还会随温度变化而热胀冷缩。这些胀缩在小型混凝土结构上可能微不足道，但对于长条形混凝土（人行道）而言，这些热运动可以累积起来，使变形更加明显。所以还需要在混凝土路面上每隔一定距离留一个缝隙（**伸缩缝**），以消纳人行道因温度变化而形成的起拱或较大裂缝。这些伸缩缝通常用木板、沥青或**橡胶**来填充，因为这些材料有较大的伸缩性，可以应对混凝土随时间变化产生的伸缩形变。

道路的**可达性**用于描述如何利用人行道或其他人行设施，使所有行人安全、高效地通行，其中也包括残障人士。为提高道路可达性，人行道规定了最小宽度和坡度，以确保残障人士顺畅通过。人行道与路缘相交的地方通常会设计一个衔接人行道和街面的斜坡，被称为**路缘坡**。它可以保证使用轮椅、助行架或拐杖的人轻松地通行，同时也给推手推车、婴儿车的人，甚至骑自行车的儿童提供了便利。此外，人行道上通常还设有**盲道**，盲道上的凸起砖可以帮助视障人士识别人行道及道路的边界。设置在地铁线路、陡坡、楼梯和过街通道等处的盲道，对于容易忽视潜在危险的人来说也是一种特别的警示。盲道通常具有鲜明的对比色，易于识别，并且采用一种叫作**截头圆锥**的纹理。

行人基础设施的关键在于保证行人过街的安全。**人行横道**（即斑马线）划定了行人过街区域，通常位于交叉口处，使用粗的白色条带标记，让机动车驾驶员能轻松识别并做出预判。当交叉口有交通信号灯时，人行横道两端的**人行信号灯**可以指示行人何时过街。一些信号灯甚至提供**倒计时**，以显示红绿灯的剩余时间。根据交通流量的变化，人行信号灯可能与同向的机动车信号灯同步，也可能存在只允许行人通行的时段。还有一些人行信号灯会错开一定的时间，让行人比机动车先行。一些人行信号灯完全通过预设的时间程序运行，而某些交叉口设有**行人按钮**[1]。但注意按钮不一定与交通信号控制器连接，有时这些按钮只是摆设，或者只在某些时间段才能起作用。

在没有专用的非机动车道的城市，骑行就像是一场冒险，但骑行又是如今最高效、健康、有趣的出行方式之一，吸引了众多骑行爱好者。很多地方都规定非机动车可以使用机动车道，不过，除非是那些最不繁忙的街道，不然在机动车道骑行很难让人感到舒适。现在，有许多不同的方法可以为非机动车提供便利，最常见的措施就是**共用自行车道**标志[2]，这种标志画在机动车道上，指示人们此车道可供自行车合法行进。共用自行车道并没有实质地隔离和保护骑行者，但有助于建立机动车和非机动车之间的默契，避免交通混乱或让骑行者紧张。这很符合交通工程的一个关键理念，即一致性。具体而言就是当所有交通参与者都接收到一致的信息时，车祸的发生就可以尽量避免。

更进一步的非机动车基础设施是**彩色非机动车道**。这些专用通道虽然与机动车道没有物理隔离，但至少在视觉上可以和机动车道区分开，看起来在两股车流（通常具有大不相同的速度）之间创造了一些边界感。在美国，彩色非机动车道常采用绿色涂料，以区别于其余道路，有时还会划定一个**缓冲区**，以便在机动车和非机动车之间创造更多的空间。在**分离式非机动车道**与主干道之间设有物理**屏障**，可以为各种水平的骑手提供最安全和最舒适的骑行环境。当然，建设和维护专用的分离式非机动车道，需要政府投入更多的资金，因此这类设施通常只用于最繁忙的道路。

使行人和非机动车更安全的另一种方法是降低机动车辆的速度。改变限速通常不能有效降低汽车速度，因此工程师和城市规划者采用更具创造性的**交通稳静化措施**来降低车速。在交叉口，更小的**路缘半径**可以加大车辆转弯的角度，从而降低车速，并且可以缩短行人的过街距离。然而，这只适用于没有太多货车的区域，因为货车转弯需要更大的空间，路缘半径太小可能会带来危险。另外，对于交叉口之外的其他交通路面，**束窄路面宽度**、增加**减速弯道**、**植树**以减少视距，以及设置**减速带**等，都能有效降低车速。

---

1 行人按钮，由行人通过按钮来发出过街请求，信号控制系统在收到请求后，研判分析机动车通行情况及行人过街需求，提前结束机动车绿灯，转而显示行人通行绿灯。该按钮通常被设置在过街需求少且需要保障主线通畅运行的路口，目的是减少行人空放。按动按钮后，人行信号灯一般并不会立即变绿，而是需要等待一小段时间。这种行人按钮在我国也有使用，但并不多见。

2 共用自行车道标志是道路标志的一种，在美国、澳大利亚和西班牙的道路上很常见，我国几乎没有使用。

注意看

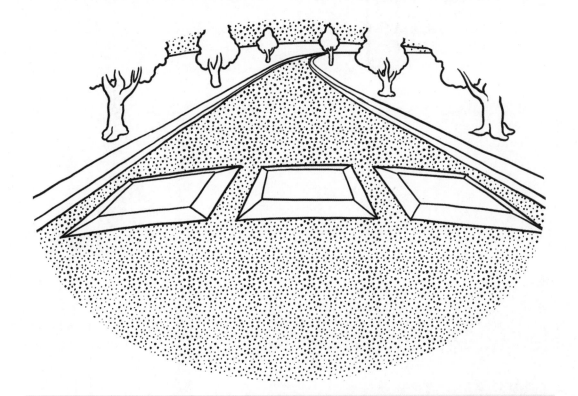

　　你是否想知道减速带、减速块和减速台之间的区别？减速带是公共道路上用于降低车速的一种工具，通常有 4 米宽。减速带虽窄但是较高，使路面稍微拱起，以达到车辆减速的目的，常用于停车场和车库。减速块（也被称为减速垫）与减速带相似，但减速块之间设有间隙，允许紧急车辆在通过时无须减速。减速台是减速块的一种拉长形式，其表面为一个凸起的平台。这些障碍都不受司机欢迎，因为即使是以很慢的速度通过，车的颠簸也会让人感到不舒适。现在，新的相关研发成果出现，有望使用一种流体减速带，将非牛顿流体填充到减速带内，使减速带在驾驶员快速通过时坚硬如铁，慢速通过时柔软如水，基本不会让车辆颠簸。

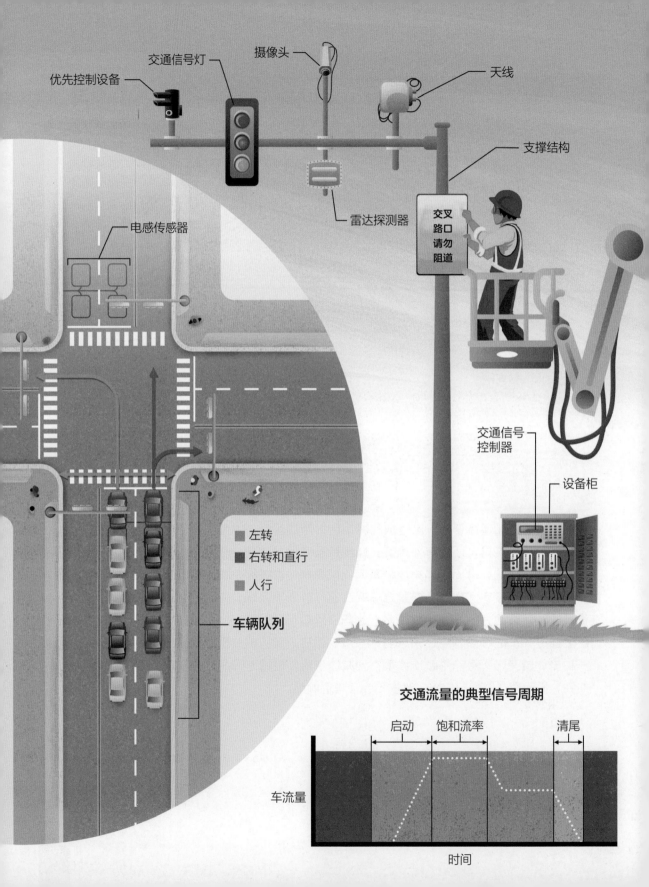

优先控制设备

交通信号灯

摄像头

天线

支撑结构

电感传感器

雷达探测器

交叉路口请勿阻道

交通信号控制器

设备柜

左转

右转和直行

人行

车辆队列

交通流量的典型信号周期

启动

饱和流率

清尾

车流量

时间

交通信号灯

　　繁忙城市中的交通管理是一个非常复杂的问题，存在着大量的矛盾和挑战。在这些挑战中，最基本的挑战之一是机动车、非机动车、行人等多股交通流量交汇在交叉口，等待着安全、高效地跨越另一车道通行的时机。交通信号灯是交叉口最常见的**通行权**分配措施，虽然它不是解决所有交通问题的灵丹妙药，但为许多基本交通设计提供了平衡。也就是说，它利用最小的空间，以较少的交通中断处理了庞大的交通流量。

　　交叉口的管理需要严格地标准化，采用同一套标准，这样当你来到一个不熟悉的地方时，才能一眼识别交通规则提示，在繁杂的人流和车流中找到自己的方向和定位。这就是为什么一个国家或地区几乎所有的交通信号灯都大同小异。交通信号灯最简单的形式是一组三个灯，它们被固定在悬挂的线缆或刚性**支撑结构**上，面向交叉口的每一个车道。通常来说，当绿灯亮起时，该车道的车辆允许通过；当红灯亮起时，则不允许通过；黄灯警示车辆驾驶者绿灯即将变红，要注意安全。除了这些基本功能，交通信号灯还可以表达很多复杂的指令，以适应各种交通情况。

　　一般情况下，交叉口的每股车流都有三个去向，分别为左转、右转和直行。在车流等待交通信号指示通行时，**右转和直行**车流的通行通常分为一组，**左转**车流的通行单独一组。因此，在典型的十字路口，每个方向都有两组机动车和一组**人行**指令。这些指令可以组合到交通信号的不同相位[1]，例如，相对方向的左转指令可以被划分到同一个相位，因为它们可以同时出现而且不会冲突。道路工程师需要根据不同的交通流量和交叉口类型，将各组指令科学地划分到不同相位，并确定其在信号周期中的先后顺序。

　　道路工程师的另一个关键决策是每个相位的持续时间。理想情况下，绿灯亮的时间如果足够长，则应该足以清空在红灯期间积累的所有**车辆队列**，但这并不一定总能实现，特别是在高峰时段的繁忙路口。在交叉口车流量饱和的情况下，相位的持续时间可能会延长[2]，以减少信号周期的数量，延长车流的有效绿灯时间。因为每个周期都包含了车辆的**启动**损失时间和**清尾**损失时间，所以相位切换越频繁，损失时间就越多。

　　交通信号灯的持续时间需要足够长，以便司机在收到警示后可以从容地减速停车。交通信号灯的设计指南需要考虑许多因素，综合下来，黄灯的持续时间可以简单通过限速除

---

1 交叉口的各种红绿灯指令都会持续一段时间，这段时间内的红绿灯组合就是一个相位。一个交叉口的信号系统由多个相位组成，形成一个信号周期，交通指令按这个周期不断循环。

2 在早晚高峰时，大家遇到的长达 2~3 分钟的红绿灯即是文中所述情况。

以 10 或 16 计算得出，单位取秒。在北美洲的大多数地区，你可以在黄灯亮起时进入交叉口，这意味着需要一个所有方向都是红灯的短暂相位来让交叉口的所有车辆清尾。清尾时间通常约 1 秒，但可以根据限速和十字路口大小进行调整。

一些交通信号灯在交通信号控制器中设置定时程序，以实现相位的切换，但许多信号灯通行相位的切换比这复杂。我们使用"感应式信号控制"这个术语来描述根据外部信息的输入，实时调整定时和通行相位的信号控制方式。感应式信号依赖于车辆检测系统提供的数据，它可以是**摄像头**、**雷达探测器**，也可以是嵌入道路表面的**电感传感器**。电感传感器本质上就是一个大型的金属探测器，可以检测汽车或卡车的存在（体积太小的自行车、滑板车和摩托车一般无法识别）。无论采用哪种车辆检测器，它最终都会将数据反馈到交叉口附近的**设备柜**，这种机柜你应该看到过无数次，但可能不知道其具体作用。

机柜内部有一个**交通信号控制器**，它是一个简单的计算程序，可以根据车辆检测器的信息，计算每个相位的持续时长和切换时间。感应式信号控制给交通信号灯带来了更大的灵活性，有助于处理交通流量的变化。例如，当附近有道路封闭施工，并且车流量被引导到平时没有如此大的通行需求的交叉口时，如果用定时控制系统，那么就需要在封闭道路之前对交通信号灯进行重新编程。但感应式信号控制系统就简单得多，它能轻松感知额外的车流，并相应地自动调整信号灯相位。对于不定期的特殊事件（比如音乐会和体育赛事等），感应式信号控制系统同样非常实用，这些事件会毫无规律地造成巨大的交通流量变化。感应式信号控制系统还可以避免另一方向在无车流时司机仍需要傻等红灯的情况。最后，感应式信号控制系统还可以帮助紧急车辆和公共交通优先通行，这些车辆上装有专用的发送器，**优先控制设备**可以通过红外线或声波与紧急车辆的发送器通信，并向交通信号控制器发出绿灯请求。

虽然感应式信号控制系统已经足够高级了，但它并不是信号系统的巅峰，毕竟它还是将每个交叉口视为一个单独的体系，而实际上每个交叉口都只是庞大交通网络中的一小部分。交通网络中的每个要素都可能对系统的其他部分产生影响。典型例子是严重的**交通堵塞**，当车辆队伍堵至相邻的交叉口时，交通就会陷入瘫痪，此时感应式信号控制系统也无能为力。这个问题的一个解决方案是**信号协调**，让信号灯同步工作，形成绿波路段，这种方法适用于交叉口小却频繁出现的长干道。通过精心定时，主路上的信号灯时长可以相互协调，使一批车辆（或称为**车队**）无障碍通行，全程绿灯。这种协调可以显著增加交叉口的通行车流量和通行效率，但它只适用于没有其他交通中断因素的路段。如果一个车队无法保持连续行进，信号协调的优势就会减弱。

很明显，改进交通效率的下一步是统一协调交通网络中的全部或大多数交通信号灯，这就是**自适应控制技术**。自适应控制系统不再是将一组交通信号灯接入一个系统，而是将所有车辆检测器的信息都接入一个集中处理系统（常通过信号灯上的**天线**来实现无线通信），该系统可以使用高级算法来优化整个城市的交通流量，能大大减少拥堵，目前许多城市的交通信号灯都已经实现了自适应控制。

注意看

人行专用相位是一种特殊的交通信号相位，此时所有车辆停止移动，允许所有方向（包括对角线）的行人通过交叉口。由于沿对角线步行需要更长时间，增加了机动车司机的等待时间，因此这种相位只适用于行人数量很大的路口。城市中心区域经常会有车辆和行人同时通行的情况，此时转弯的车辆必须停车等待，让过街的行人先行。

管制标志	警示标志	引导标志
停	↰	60
让	🐄	距阿马里洛 出口400米
限速 50	非停车区	称重站 ↗

振动标线

线路标志

出口
42 ↗

实线

护栏

虚线

障碍标志

门架式标志杆

出口 42
主路 ↗

悬臂式标志杆

滑动基础

标志杆

玻璃微珠

微棱镜

反光表面

突起式路面标线

交通标志和标线

标志和标线的一致性是保证道路安全、通行高效的重点。疾驰的机动车必须快速决策，只有清晰明了的标志，才不会让司机和交通参与者感到困惑和意外，从而减少他们误判的可能性。用于管制、警示或引导道路交通的标志和标线，统称为交通控制设施（交通信号灯也属于交通控制设施）。在一个国家甚至整个国际上，交通控制设施的方方面面都会被严格地标准化，从大小、形状、位置到颜色、符号、文字都经过统一设计，以确保无论驾驶员去到哪里，都能轻松地识别它们，从而舒适、自信地驾驶车辆。因为材料、生产和设备的标准化，这些基础设施很廉价。美国的《统一交通控制设施手册》超过 800 页，是一本几乎涵盖所有情景的道路设计指南[1]。

交通标志需要尽可能明确、直接地传达信息，因为交通参与者只有片刻的时间来识别、理解和响应标志。标志首先通过形状传递信息，然后是颜色，最后才是文字或符号。很多重要的标志可以仅通过形状识别（例如八角形的停车标志）。

道路上使用了三大类主要标志（以及许多次要标志）：**管制标志、警示标志**和**引导标志**。管制标志告知道路使用者需要遵守交通法规，包括限速标志、停车标志和让行标志等，它们主要使用黑色、白色和红色的颜色组合[2]。警示标志提醒道路使用者注意危险或意外情况，它们几乎总是采用黄底黑字的菱形标志牌[3]。**障碍标志**是另一种警示标志，使用黄色和黑色相间的斜条纹标记道路上的障碍物。引导标志为道路使用者提供有用的导航信息，引导他们前进，通常为绿色的底板，并印有白色边框和文字[4]。**线路标志**也是一种引导标志，它们用独特的形状（比如盾牌形）和颜色来标识道路的级别和编号。

大多数标志都被安装在路边的标志杆上，标志杆将标志牌举得足够高，以便让所有交通参与者都能轻松看到。另一种标志安装方式是采用架空结构，在高速公路上最为常见，这种安装方式可以使所有车道上的交通参与者都有较好的视角，都能看到架空的标志牌，还能避免中间车道上的交通参与者因视线受阻而看不见标志牌。标志杆有两种类型，只有单个垂直杆件支撑的标志杆被称为**悬臂式标志杆**，由于负载不平衡，这种标志杆只能向道路上方延伸很短的距离。更宽的道路，则需要由道路两侧的杆件共同支承的**门架式标志杆**。

---

1 在我国，标志和标线统一由《道路交通标志和标线 第 2 部分：道路交通标志》（GB 5768.2-2022）规定。

2 在我国，管制标志通常为黑色、白色、红色组合的圆形标志牌。

3 在我国，警示标志通常为黄底黑字（或黑色图案）的三角形标志牌。

4 在我国，引导标志一般为蓝底白字（或图案），或绿底白字（或图案）的矩形标志牌。

要保持道路安全、通行高效，交通标志至关重要，但它们也有可能带来危险。仅仅是细小的**标志杆**也可能会轻而易举地穿透汽车或卡车的重要部位，所以如果一辆驾驶不当的车辆撞上这些标志杆，事故的危险程度可能会显著加剧，这就要求标志杆具备**防撞性**。在大多数情况下，标志杆具有**解体消能**的功能，如果被车辆撞上，标志杆会优先解体，以减小对车辆的影响，进而最大限度地降低对乘客的伤害。木质标志杆钻有孔洞，被撞时很容易断裂；金属标志杆则通常使用带**滑动基础**的解体结构，其杆件与基础的衔接使用螺栓，被撞击时螺栓可以轻松滑出，这使标志杆得以轻松脱落。滑动基础的另外一个好处是易于更换，即使受到撞击，混凝土基础和底座也能保持完整，要在原来的底座上安装新的标志杆，就像拧几颗螺丝那么简单。道路上方的标志牌和支撑杆件则无法被设计为解体结构，因为标志牌被撞倒时极有可能危及其他道路使用者，所以一般相关部门会使用**护栏**、路障或防撞垫来保护标志杆的立柱免受碰撞（后文会提供更多关于这些结构的信息）。

另一种交通控制设施是路面上绘制的标线。**实线**和**虚线**被漆在路面上，以为道路使用者提供信息和指导。根据交通现状和预算，这些标线使用不同的材料，比如简单的液态乳胶漆，或者熔化后涂敷的**热塑料**等。在积雪区域，线条通常需要被嵌入路面，以防除雪机的损坏。

突起式路面标线是另一种引导驾驶员的路面标线。它同时提供视觉和触觉上的反馈，让车辆在压过时产生明显的颠簸。突起式路面标线上的反光体颜色具有不同含义，白色和黄色用于标记车道，蓝色用于标记消防栓的位置。如果你见到红色反光体，请立即掉头！因为红色通常标记在突起式路面标线的背面，以警告逆行驾驶者。**振动标线**是一种看不见但能让人听到声音的安全装置，由规则间隔的路面切槽或凸起组成。当汽车偏离车道时，来自振动标线的声音和振动将警告驾驶员。

如果交通控制设施在夜间不可见，那其作用就会大打折扣。过去常见的做法是车辆使用专用灯具在夜间或恶劣天气下照亮交通标志。现在，几乎所有交通标志和标线都是反光的，**反光表面**可以将车头灯的光直接反射回车辆。反光表面利用车头灯的光线，将光线直接反射回车辆及其驾驶员，这使得交通标志和标线在周围不反光环境的衬托下，显得格外明亮。反光的原理是反光表面被一层反光材料覆盖，反光材料中被植入了**玻璃微珠**或**微棱镜**，使标志和标线在车灯照射下更易于反射光线。反光玻璃微珠被嵌入路面的标线，这样在车辆开启车头灯的情况下，标线就能更加醒目地被看到。这些玻璃微珠有时被称为猫眼，因为它们像猫的眼睛一样，夜晚暴露在光线下时会发光。

注意看

　　有时某些交通信息非常重要，需要直接涂刷在路面上，以确保司机可以看到。然而，与直接面向驾驶员的架高标志不同，人们在行车时只能以较小的视角去观察路面标志。因此，标志会产生前后压缩的视觉效果，当车辆高速行驶时，这种效果会更明显，从而导致标志信息阅读起来较为困难。大多数人都低估了路面标志的长度，总觉得它远达不到标准的 3 米。因此，在涂刷时，路面上的字母和符号会被人们有意拉长，以抵消这种光学错觉，提高信息的可读性。在大多数情况下，路面标志在行进方向上会被拉伸至标准长度的 2 至 5 倍。试试调整观看本页图片的角度，图中的文字或许就变正常了。

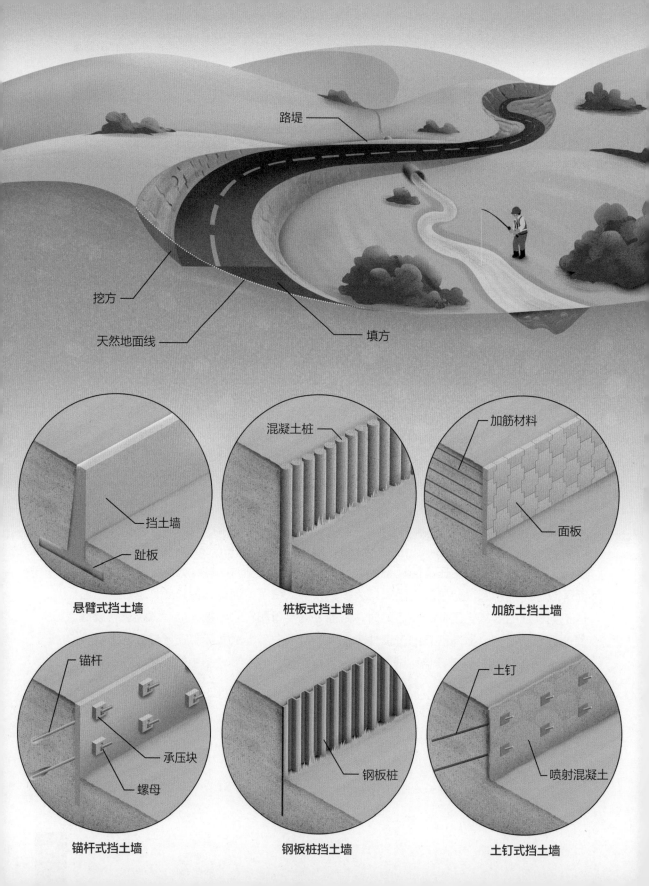

路堤

挖方

天然地面线

填方

挡土墙

趾板

悬臂式挡土墙

混凝土桩

桩板式挡土墙

加筋材料

面板

加筋土挡土墙

锚杆

承压块

螺母

锚杆式挡土墙

钢板桩

钢板桩挡土墙

土钉

喷射混凝土

土钉式挡土墙

道路土石方工程和挡土墙

天然地形并不完全适合直接铺设道路，因为如果地形起伏较大，直接铺设道路不利于车辆高速通行。安全高效的通行需要道路在水平和垂直方向上都拥有平缓的曲线，也就是说道路需要尽量地直，坡度需要尽量地缓。这也意味着在修建道路时，我们需要采取一些措施来平整地表。这些被用于调整地面形状和结构的措施统称为土石方工程，这可能是道路施工中最关键的一环。

工程师和施工队使用**纵断面图**来表示道路的起伏，这些图展示了道路长度延伸方向的剖切面，是最简明的道路建设语言。在纵断面图上，你可以看到施工前的地面线（被称为**天然地面线**）和完工后的设计路面线，这两条线之间如果存在任何差异，都意味着人们需要进行道路的土石方工程施工。天然地面线高于设计路面线的部分需要被挖掉，这个动作及其成果都被称为**挖方**。也就是说，当最终水平面低于天然地面线时需要进行挖掘，例如在穿越陡峭的山坡时。低于设计路面线的部分则需要通过填筑来垫高，这个动作及其成果都被称为**填方**，例如在越过小溪时或是处于桥梁的引道时，面积较大的填方通常被称为**路堤**。挖方和填方是所有土石方工程中最基本的要素，虽然我们无法将土石方施工前后的地貌放在一起进行直观的比较，但只要留意观察，你就能看出哪些地方被修整过。

你可能会注意到，挖方和填方的边缘通常是以倾斜的边坡连接到原地形的，这是因为土体的强度几乎全部依赖于土颗粒之间的摩擦力。就像把一些沙子倒在桌面上，你会发现沙堆的边缘不会直立，而是会形成一个斜面，这个斜面的倾角被称为**静止角**，也就是沙子在摩擦力的作用下可以自然静止的最大倾角。如果在沙堆上再施加一些外力，这种自然静止状态就会被打破，沙堆会进一步滑塌。

土壤边坡的稳定角度因土壤类型及其所受荷载的不同而有所差异。在实际的工程中，工程师很少采用大于 25° 的倾角，即坡比一般要小于 1:2，这意味着人造边坡的宽度至少是高度的 2 倍。这就导致两方面的困扰。首先，与直立的边坡相比，放坡需要投入更大的工作量，需要更多的挖方或填方工作；其次，放坡需要占用更多的空间，这一点在拥挤的城市尤其关键。在许多情况下，使用**挡土墙**来加固陡峭（甚至垂直）的边坡，可以规避这两个问题。

虽然土壤不像水那样可以自由流动，但是土壤的密度约是水的两倍，因此它作用在挡土墙上的**侧向土压力**巨大。挡土墙必须十分坚固才能承载这种压力，实际工程应用中有许多不同类型的挡土墙，它们以各种方式解决侧向土压力问题。如果细心观察，你会发现各式各样的挡土墙。虽然它们不仅仅用于道路工程，但道路确实是挡土墙最常见的应用场景。最基本的挡土墙依靠自重保持稳定，通常会通过设置**趾板**来形成**悬臂式挡土墙**。在这种结构中，挡土墙可以利用被约束土体的重量，即土体可以在趾板上产生竖向压力，趾板又与直墙稳固连接从而形成杠杆，将竖向压力转化为维持挡土墙稳定的抗力，让挡土墙既不滑动也不倾倒。

一些挡土墙使用锚杆来保持水平稳定。**锚杆**由钢筋或钢丝经钻孔深入土体后向内灌浆固结而成，安装完成后，用液压千斤顶给每个锚杆施加张力，最后用墩头或**螺母**将锚杆牢牢固定在挡土墙上。挡土墙上的**承压块**或承压板可以将锚杆的荷载分散到更大的受力面积上。通过规律排列的锚固结构，我们很容易就能在**锚杆式挡土墙**的表面识别它们。

另一种挡土墙是**桩板式挡土墙**，由打入或钻入地面的连续垂直构件组成。垂直构件可以是钢筋**混凝土桩**，其施工一般使用钻机来完成，打好的挡土墙就像一排巨大的挡土栅栏。**钢板桩**作为垂直构件的一类，采用互锁的型钢组成**钢板桩挡土墙**。桩板式和钢板桩挡土墙常用于施工期间的临时支护，所以一般土石方开挖前需要先施工垂直墙体，然后再在墙体围成的范围内挖掘，这样就可以确保基坑在整个施工期都有足够的支护。

还有一种常见的挡土墙：将填方土体堆聚在一起自成墙体，填方时在每层土体之间加入加筋材料，即可实现这种结构的**加筋土挡土墙**。**加筋材料**可以是钢丝，抑或是由土工布或土工格栅的塑料纤维构成的**土工织物**。当天然地面被挖掘出一个陡峭的表面时，仅仅增加加固层是不可行的。对于挖方的坡面，可以向坡面插入土钉作为加筋材料，形成**土钉式挡土墙**。与锚杆类似，**土钉**也由钢筋组成，人们在钻孔中植入钢筋后向内灌浆进行固定。不同的是，土钉不用再施加张力，因为其作用不是对墙面施加压力，而是将土体固结在一起，形成自我稳定的结构。

加筋土和土钉式挡土墙都需要在墙体表面使用混凝土**面板**。这些混凝土面板很少承担荷载，它们的作用只是保护裸露的土壤免受侵蚀，同时改善永久结构的外观。临时支护的边坡不需要考虑美观，所以经常采用**喷射混凝土**面板。利用压缩空气将混凝土从软管喷出，混凝土吸附在边坡面上即可形成这种面板。永久结构通常使用带装饰图案的互锁混凝土面板，这些面板不仅外观精美，还可以适应一定程度的边坡变形，它的接缝还能允许地下水排出，以保持边坡稳定。

注意看

　　有时公路开挖需要穿过岩层而非单纯的土壤。与土壤相比，岩石的开挖难度更大，但裸露的岩石开挖面通常不需要挡土墙的支撑，因为经过详细的工程分析，岩石开挖面一般可以保持自我稳定。这意味着许多公路的岩石开挖面是完全裸露的，在这里你可以看到地球内部的壮观景象。乍一看，这些开挖面可能只是无趣的岩壁，但对地质学家来说，这些岩壁可以帮助他们了解地貌的成因。事实上，"路边地质探索"已经成为部分人一项特别的爱好，世界各地甚至有许多相关的图书可作为兴趣指南。从白垩质石灰岩到漩涡纹大理石，透过车窗，你可以舒适地领略我们这颗岩石星球的奥秘。当然，要小心边坡有可能滑坡！当你停在繁忙的道路附近或爬上陡峭的地形观察岩壁时，一定不要忘记注意安全。

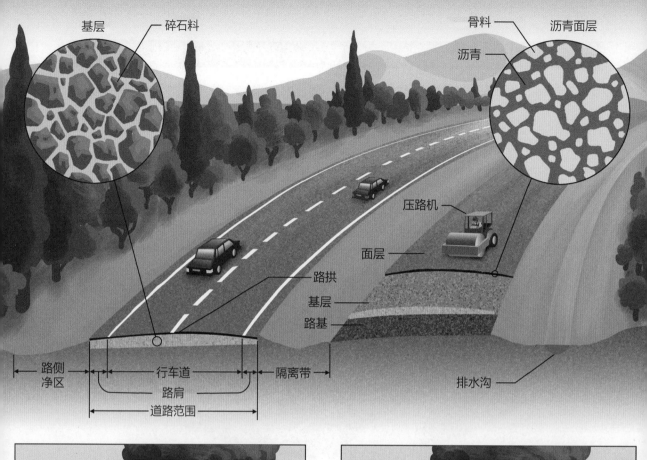

基层　　碎石料

骨料　　沥青面层

沥青

压路机

路拱

面层

基层

路基

排水沟

路侧净区　　行车道　　隔离带

路肩

道路范围

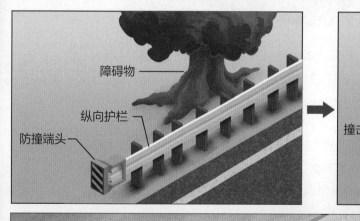

障碍物

纵向护栏

防撞端头

撞击后变形情况

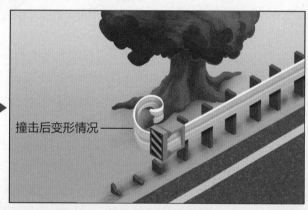

防撞垫

新泽西护栏

典型道路剖面

我经常被问到，"为什么一条简单的柏油路面还修得那么慢？"这并不是因为工人拖沓或施工方不靠谱，而是因为修建道路确实没有那么简单。确保道路能够承载数量和重量都很庞大的各式车辆，并允许它们以惊人的速度安全行驶绝非易事。我们之所以认为这些理所当然，是因为我们所见的道路都经过了精心的设计和建造。从路基到路面，道路正是具有许多优异的特质，才实现了车辆的高效通行。

比起你驾驶时看到的道路表面，道路下方的结构复杂得多。为了经久耐用一些，道路通常是分层建造的。所有道路在铺设之前都需要进行土石方工程施工，以平整地表（如前一节所述）。道路所处的原有土层被称为**路基**，它不见得能承受来自车辆巨大且频繁变化的荷载，路基之上还需要铺设一层或多层**基层**并压实，基层通常采用**碎石料**。基层具有多种功能：可以为施工提供稳定的工作平台，可以承受车辆均匀分布的压重，可以作为雨水的渗流通道，还可以保护面层免受冻害。

道路的**面层**也被称为**磨耗层**[1]，它直接接触乱中有序的机动车辆。面层有时采用混凝土材料，因为它非常坚固耐用。混凝土由水、水泥、沙和碎石（行业术语为骨料）组成，其承载能力最好，尤其适用于有大量重型货车通行的路面。但混凝土面层也有一些缺点，它不仅造价高昂，维护困难，而且需要较长的凝固时间，这增加了道路施工工期和车道封闭时长。另外，混凝土面层在湿润时易导致车辆打滑，所以人们常需要在其表面上切槽来增加车辆轮胎的抓地力。为规避所有的这些问题，大多数道路选择沥青而不是混凝土作为面层材料。

沥青面层主要包含两种材料：**骨料**和**沥青**，后者是从原油中提炼出来的黏稠胶合材料。沥青路满足现代道路的许多需求，材料易得，无须切槽就能为轮胎提供良好的抓地力。沥青柔性好，能适应一定程度的地基变形，而且易于维护。只需先加热沥青，将其与骨料混合成料并摊铺在基层之上，再用重型**压路机**压实即可完成沥青面层的施工。沥青路几乎在冷却后就可以通车，施工工期较短。

道路范围内不仅仅有**行车道**，还有**路肩**，后者用于故障车辆的紧急停车。路肩通常比行车道要窄，为了节省成本有时会铺装得较薄，因此不能用于车辆通行。尽管所有道路看起来都很平，但实际上它们通常都有倾向两侧的坡度，因此道路中心会形成**路拱**。太平整

1　在我国，面层分为上、中、下面层，而磨耗层特指上面层，或在上面层之上再加铺的一层薄层，并非所有道路都有磨耗层。在国外，面层常等同于磨耗层，和我国是有区别的。

的路面无法快速排水，积水不仅会使道路变滑，在冬天还可能结冰，给车辆行驶带来危险。道路的坡度可以加速雨水的排出，保持路面干燥。水流汇集到道路边缘后，还需要经由专门的排水路径排出，以免削弱道路下方的土壤强度，所以道路两侧通常设有**排水沟**（第7章中有更多关于排水结构的介绍）。

最危险的车祸通常发生在车辆因避险或失控而偏离车道时，所以许多道路的安全设施都旨在防止偏离车道的车辆发生严重碰撞。主要方式之一是在车道中间设置**隔离带**，将对向行驶的车流分开，形成单向行驶的道路。隔离带常采用草皮、树木或栏杆等，以阻止失控车辆驶入对向车道，减少迎头碰撞的概率。有些道路还设有**路侧净区**，这是一个无障碍区域，为偏离车道的车辆驾驶者提供停车或重新控制车辆的反应空间。路侧净区内不能种植树木，不能设置标志杆或竖立电线杆等障碍物，否则可能会导致严重的事故。如果无法避免在该区域设置标志杆，则需要使用解体消能式标志杆（碰撞时标志杆可以解体消能），以减轻潜在碰撞的危险程度。如果路侧净区内存在无法移除或不防撞的障碍物，则必须用护栏进行保护。

在存在危险**障碍物**或悬崖的路段，**纵向护栏**可以防止车辆偏离道路。它们也被用作高速公路隔离带，或者作为其补充。针对不同的情况，护栏被设计成许多种类型，它们在被使用前都要进行全尺寸碰撞测试。**钢制护栏**在受撞击时会变形，这在一定程度上缓冲了碰撞的冲击力，但也意味着每次碰撞之后都需要对其进行更换。还有一种常见的纵向护栏叫作**新泽西护栏**，由混凝土制成，形状特殊，碰撞时它能让轮胎冲上护栏侧面，并将车辆重新引导回车道，避免造成严重损坏。

纵向护栏的一个挑战在于，其裸露的端头可能会在路侧净区制造额外的危险。大多数护栏都会采用一些端头处理措施，以减轻车辆撞击时的危险程度。钢制护栏的端部通常装有**防撞端头**，其受撞时可以沿护栏滑动，使护栏变形以吸收碰撞能量，同时引导护栏向外侧卷曲，以保护车内人员。人们通常在非钢制护栏的末端设有**防撞垫**，防撞垫种类繁多，最常见的是装满沙子的塑料桶或可压缩的钢组件，它们可以吸收部分碰撞能量，显著减轻事故的危险程度。

注意看

与混凝土面层不同，沥青面层不需要通过缓慢的化学反应来固化。我们只需要控制温度，就可将其从软化的混合料转变为稳定的行车路面，而且这个过程完全可逆、可重复。这意味着沥青几乎可以 100% 回收利用，因此沥青是全球回收利用率最高的材料之一。你每天驶过许多道路，它们的部分沥青面层可能就来自附近老旧的街道或道路。我们甚至有就地翻新沥青面层的设备，能最小化施工带来的交通中断，减少材料进出工地的运输成本。典型的翻新流水线包括：粉碎机移除旧沥青面层→回收单元负责回收、加热、软化及加入添加剂→铺筑机铺设翻新后的沥青→压路机压实沥青。

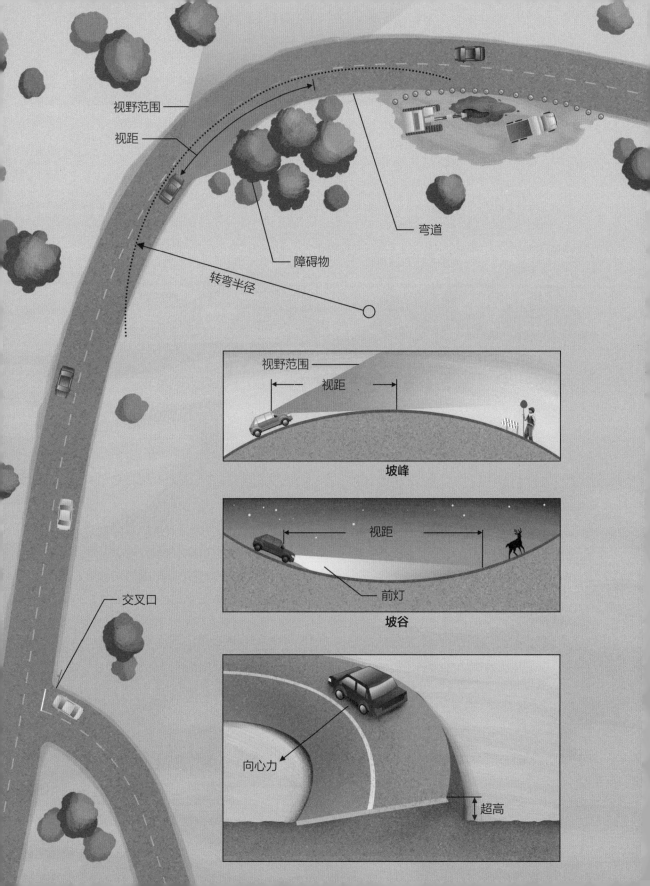

视野范围

视距

弯道

障碍物

转弯半径

交叉口

视野范围

视距

坡峰

视距

前灯

坡谷

向心力

超高

典型高速公路平面

有一类道路与城市干线和集散道路大不相同，本书称其为高速公路，也有人称其为快速路或直通道路。无论你怎么称呼，它都通过控制流量实现了最大交通容量。通行车辆数量较少的高速公路尽可能地减少了车道及其平面交叉口，对于承载能力较强的高速公路，车辆只能通过匝道或立交桥进入或离开（后文会详述），从而使交通容量达到巅峰。减少道路交会可以明显地减少行车的中断，实现了车辆的快速通行，更快的速度自然就会带来更高的交通容量。然而，这也缩短了驾驶员的决策时间，增加了发生危险碰撞的可能性。得益于高速公路大量的安全措施，我们才可以安心地将自己装进汽车的金属外壳中，穿梭于不同的地方，这种安全要从道路最基础的平面布局说起。

理想的高速公路是平直、空旷的，我们可以以任何速度行驶。但实际上所有高速公路都会面临弯道、坡度、车流、障碍物和天气等潜藏的危险因素。因此，现实要求我们必须平衡车辆速度和个人的生命安全。高速公路上有三种基本速度：设计速度、标定限速和任一驾驶员的行驶速度，三者并不总是相等的。驾驶员可根据个人驾驶技术水平、驾驶舒适度和对危险的感知选择行驶速度。道路管理部门根据广泛能接受的安全标准设计标定限速。道路工程师则选择适当的设计速度设计道路，以确保沿线的所有几何要素都是一致的，与大多数驾驶员的行驶速度适配。

高速公路的平面布局指其平面几何形状，即俯瞰时道路的样子。所有道路都有车辆变向所需的弯道，如果设计不当，这些弯道会给驾驶员带来严峻的挑战。任何转弯的物体都需要指向弧线圆心的向心力，否则无法转弯。车辆转弯时，你会感到身体被推向车辆的一侧，那是因为你的惯性试图在汽车转向时保持直线运动。对车辆来说，向心力来自轮胎与路面的摩擦力。随着转弯半径减小，车辆需要的向心力会增加。在某一确定的速度和转弯半径下，当所需的向心力超过轮胎与地面的摩擦力时，车辆就会打滑并偏离道路。为了避免发生这种危险状况，道路工程师会根据道路的设计速度设计弯道的最小转弯半径，设计速度越快，弯道则需要越平缓。

橡胶轮胎可以提供车辆与路面间的摩擦力，除此之外，我们还可以利用几何特性，使弯道对驾驶员而言更加安全。高速公路设计者通常让道路的外侧拥有超高，高于内侧，以减少弯道对车辆轮胎摩擦力的需求。在转弯处使道路倾斜，巧妙地利用了车重与路面对抗产生的垂直支持力，提供车辆转弯所需的部分或全部的向心力。一般来说，道路设计速度越快，弯道的倾斜角就越大。倾斜角会使转弯变得更加舒适，因为离心力会把乘客尽量按在座位上，而不是推向外侧。如果倾斜角恰到好处，你也恰好以道路的设计速度行驶，那么在转弯时，你杯子里的咖啡甚至都不会洒出。

在设计平面的弯道时，需要考虑一个简单但不可忽视的事实，即驾驶员需要看清前方的路况，以做出相应的反应。**视距**是驾驶员在某一时间能看清的道路长度，在笔直平坦的道路上，视距仅由驾驶员的视力决定。然而，当道路转弯时，驾驶员的**视野范围**可能被**障碍物**挡住，如果视距不足以让驾驶员识别和响应危险，碰撞就可能会发生。行驶得越快，你就需要用越长的距离来观察弯道情况，发现潜在危险并决定如何处理。即使一条弯道足够平缓，汽车通过时也不会打滑，但山丘或树木等障碍物也可能会遮挡驾驶员视线，缩短安全驾驶视距，从而带来潜在危险。在这种情况下，道路工程师需要增加弯道半径，以将驾驶员的视距延长到更安全的范围（或者直接移除障碍物）。

道路几何形状的最后一个层面是**竖向布局**，也被称为纵断面。道路并不总是平坦的，车辆经常需要翻山越岭，所以道路的坡度是重要的设计参数。过于陡峭的道路会使通行变得艰难，特别是对于重型卡车来说，上坡路段爬行缓慢，长下坡则可能会导致刹车系统过热。有时道路坡度又必须放缓，以避免颠簸，提高驾驶人的舒适度。除此以外，竖向曲线也可能会缩短驾驶员的视距。

凸起的坡道，也就是**坡峰**，会使坡顶的另一侧成为驾驶员的视野盲区。如果你在上坡时行驶过快，坡顶另一侧的车辆或动物可能会让你措手不及。过于急促的凸起坡道，无法提供足够的**视距**来让你能识别障碍并做出反应。因此，道路工程师必须确保这些坡道足够平缓，以使车辆在爬升和翻越时驾驶者仍能看到足够长的道路。下凹的坡道，也就是**坡谷**，在白天通常没有**视距**问题，你可以看到曲线两侧的全部道路。但是在夜晚，情况就不一样了，车辆依靠**前灯**照亮前方道路，这是决定你视距的重要因素。如果下凹坡道太急促，前灯照射不远，也会导致视距缩短，使得驾驶员在夜间行驶时难以应对危险。

注意看

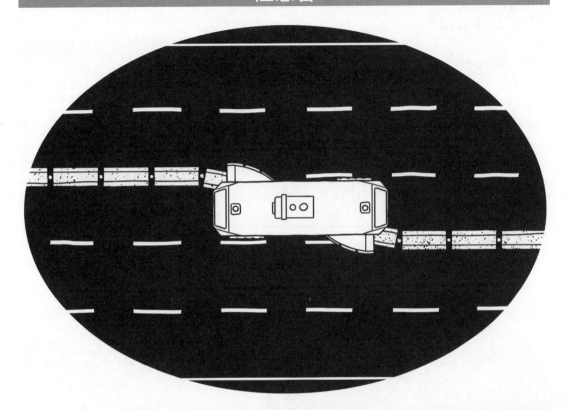

　　尽管都是高峰时段，但早晚通勤高峰的交通情况总是不同。在大城市，早高峰时通常有更多车辆开向市中心，晚高峰时则有更多车辆离开市中心。这种交通量的涨落经常导致道路利用不充分，当一个方向交通拥堵时，另一方向可能畅通无阻。当你被困在拥堵的车流中，而对向车道空空荡荡时，你肯定会感到非常沮丧。所以，许多地方的空置车道可以双向通行（即潮汐车道），通行方向取决于不同的时段。实现这种双向通行的方法有许多种，最有效的一种是可移动隔离带。某些道路配备有铰链式混凝土隔离墩，可以在车道之间移动。专用的机器在每天早晚高峰之间的空闲时段可以横跨道路，像"拉拉链"一样调整隔离墩，从而扭转一个或多个车道的行驶方向，以增加道路在各个高峰时段的通行容量。

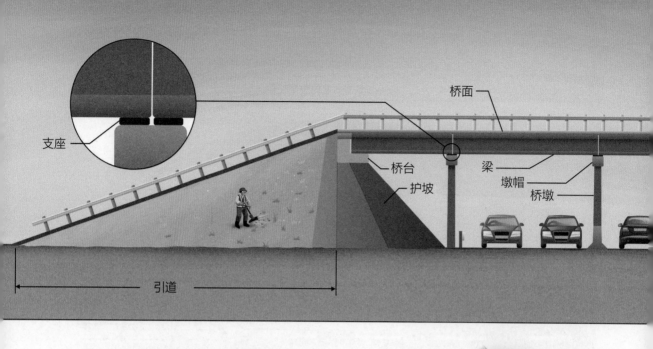

支座

桥面

桥台

护坡

梁

墩帽

桥墩

引道

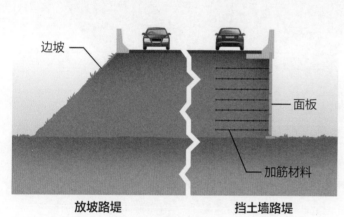

边坡

面板

加筋材料

放坡路堤

挡土墙路堤

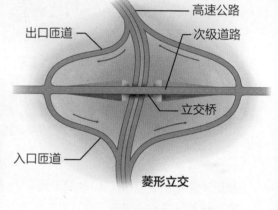

出口匝道

高速公路

次级道路

入口匝道

立交桥

菱形立交

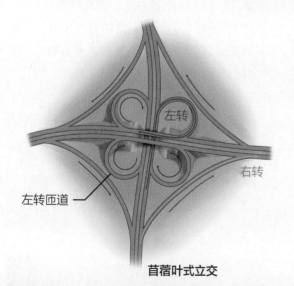

左转

右转

左转匝道

苜蓿叶式立交

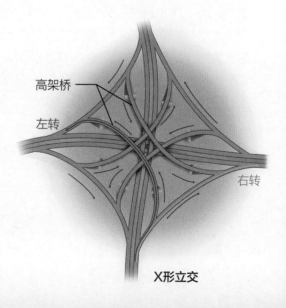

高架桥

左转

右转

X形立交

立交桥

如前文内容所述，道路在产生交叉时总是会带来一些麻烦。多个方向的交通，需要以一种相对安全的方式共享重叠的空间。当道路在同一平面交叉时（形成平面交叉口），车流必然会互相影响，此时只能通过标志牌、交通信号灯或环岛等来分配通行权，逐一疏通来自不同方向的车流，不过同一时间必然会有车辆需要等待。这种频繁的起停在高速公路上并不可取，高速公路需要控制车流量，以减少交通中断、实现快速通行。因此，高速公路的入口、出口和交叉口通常采用立体交叉模式，也就是立交桥。立交桥允许不同方向的车流安全、高效且不中断地穿过道路。

最常见的立交桥之一是**菱形立交**，常用于**高速公路**与**次级道路**的交叉口。出口匝道从高速公路分离出来后，与次级道路以一定的角度交会。和**出口匝道**对应的次级道路的另一侧，就是可以进入高速公路的**入口匝道**。匝道与次级道路交会形成的传统交叉口，可以通过标志牌或交通信号灯来控制车辆通行。在高速公路、匝道与次级道路形成的系统中，其中一条道路必须是一座桥，也就是**立交桥**，以实现道路立体分离。我们可以从立交桥系统外部观察到高速公路和桥梁的许多特征。

桥梁的**上部结构**包括**梁**等结构构件，它们共同支撑车辆行驶的**桥面**。桥梁自身及桥梁顶部的所有汽车荷载都将被传递到桥梁基础上，这通过桥的**下部结构**来实现。**桥台**为桥梁两端的梁提供支撑，以承受桥梁上部结构的水平和垂直荷载。桥梁中间的支承，如果只是单体柱子，则被称为**桥墩**，若为多根柱形成的支撑结构，则被称为**桥架**。它们通常仅承受垂直荷载，故比两端的桥台更小、更简单。在某些情况下，桥墩顶部设有**墩帽**（或盖梁），以均匀分配梁和柱上的受力。

桥梁看似纹丝不动，但其实它也有一定的柔性。车辆压过产生的振动、基础的沉降、温度变化引起的伸缩，甚至风的作用，都会造成桥梁上部结构的微小移动。大多数桥梁并非设计得非常坚固，以杜绝任何位移，而是使用**支座**来适应这些移动。支座通常由橡胶和钢板组成，这些垫块在传递桥梁荷载的同时，还可以承受一定程度的上部结构位移。

平面道路与桥梁之间的衔接部分被称为**引道**，通常由土质路堤构成。分层夯实引道土体，就形成一个连接桥梁的平滑通道。垂直的土质边缘很不稳定，因此路堤两侧通常设有**边坡**。边坡上一般种有草皮，以防水土流失。桥下方阴暗处的草皮生长不佳，所以桥下边坡的土壤平面上会铺设混凝土板（被称为**护坡**），以防水土流失（第 4 章有更多关于桥梁的内容）。

　　放坡路堤占用大量空间是一个问题，所以在城市区域，引道经常采用**挡土墙路堤**作支撑，以节省宝贵的空间。挡土墙通常由**加筋材料**和互锁混凝土**面板**组成，也被称为加筋土（关于挡土墙的更多信息请参见前文）。

　　当两条或多条高速公路交会时，立交桥将会变得更加复杂。理想的立交桥可以保证车流在交叉口处无中断地向任意道路移动，实现这种连通的方式有许多种，它们各有优劣。**苜蓿叶式立交**是最基本的一种类型，因所呈现的独特形状而得名。在苜蓿叶式立交中，**右转**车辆沿平缓的**右转匝道**转移到相交道路上。**左转**车辆则需先直行通过交叉口，然后再绕**左转匝道**向右旋转270°，转上另一条道路的反方向。苜蓿叶式立交只需要一座桥，所以造价成本低。但是它也有一些缺点，最主要的缺点就是左转的入口匝道在出口匝道之前，使进入和离开高速公路的车辆必须交织穿行，严重限制了立交桥容量。

　　另一种立交桥是"X"形立交。在这种立交中，**右转**车辆还是在同一平面，就像苜蓿叶式立交一样。然而，**左转**车辆必须由**高架桥**处理，形成立体交通。两对左转匝道必须在高速公路上方或下方交叉，形成 X 的形状，"X"形立交因此而得名。"X"形立交在各种十字交会的立交桥中具有最高通行容量，但是由于它需要建设多层高架道路，所以结构更复杂也更昂贵。

　　还有许多其他类型的道路立交桥，它们大多数都采用各种基本设计形式的排列组合。城市对这种大型结构有许多限制，包括所连接道路的数量、大小、方向，以及匝道占用的空间等（更不用说基建中永恒的难题：进度和预算）。最大、最复杂的立交桥通常被称为"意大利面路口"[1]，这种立交桥四面八方的匝道错综复杂。我有一个习惯，就是在规划驾车出行路线时尽量让自己从每座立交桥的最上层通过，以此获得最佳的城市视野（即使只是一瞬间的）。

---

1 意大利面路口，对非常复杂的立交桥的一种戏称，源自英国伯明翰一位报纸编辑 Roy Smith 对当地格瑞夫里山立交桥的称呼。多条地方公路和铁路线路从该立交桥经过，使得这个路口看上去就像一盘意大利面一样复杂。不久这个称呼就流行于全世界，成为此类复杂立交桥的统称。

注意看

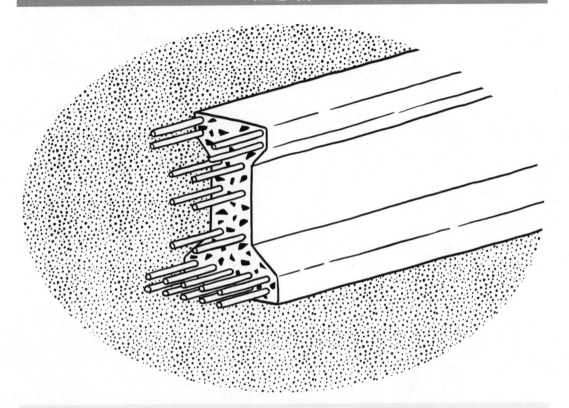

　　桥梁梁体常用的材料之一是混凝土。与用钢材或其他材料建造的梁相比，混凝土梁耐用且不需要太多的维护。但是混凝土也有缺陷，尽管它具有较高的抗压强度，但很容易受到拉应力（将其撕开的力）的破坏。桥梁梁体一般同时承受拉应力和压应力，所以必须同时具备抗拉和抗压的能力。这就是为什么混凝土结构需要配置钢筋，混凝土和钢筋可以形成一种复合材料，其中混凝土提供抗压强度，而钢筋提供抗拉强度。桥梁梁体通常采用预应力钢筋。在将湿混凝土浇筑进模具前，拉伸钢筋让其保持紧绷[1]，待混凝土硬化后，紧绷的钢筋就可以像橡皮筋一样，将混凝土紧紧压实，使梁更加坚硬、不易开裂。这种梁体一般是在工厂预制的，在施工现场直接吊装即可。

---

1 浇筑前拉伸的钢筋是先张法预应力钢筋，实际操作中也可以用后张法预应力钢筋，即待混凝土凝固后，再进行钢筋的张拉作业。

4

桥梁与隧道

简介

世界上从不缺少美，但秀丽的山川河流也会阻碍我们探索的道路，让我们的出行遇到很多困难，因此最壮丽的景色往往最难以触及。河流和山脉不适宜修建地面道路、铁路或其他走廊，而且当地形地貌带来过于湿滑、陡峭、危险或易发生灾害的问题时，道路唯一的前进方向就是向上或向下。所以，我们需要桥梁来跨越峡谷、深渊、河流，需要隧道来穿越山岭、浅滩。桥梁和隧道结构解决了直白而不简单的难题——让天堑变通途，不仅成为了人类最值得称赞的成就之一，也充满了迷人的工程细节。它们几乎都是根据项目所在的地形、地质和水文条件量身定制的，而且还结合了当地的建筑偏好和风格。因此，每座桥、每条隧道都各具特色、独树一帜，这得益于它们的建设规模和重要性，其结构展现出来的特质成为了当地的特别象征。

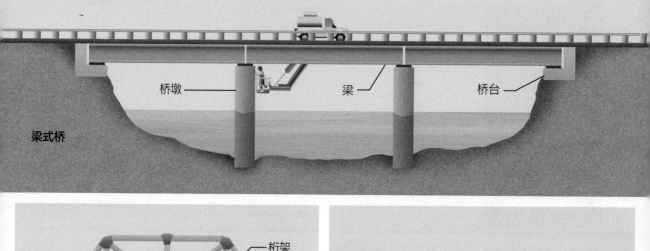

梁式桥

桥墩　梁　桥台

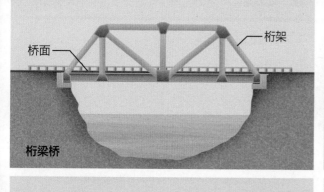

桁梁桥

桥面　桁架

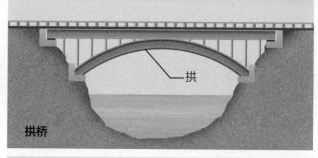

拱桥

拱

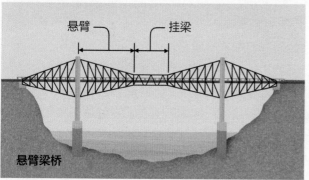

悬臂梁桥

悬臂　挂梁

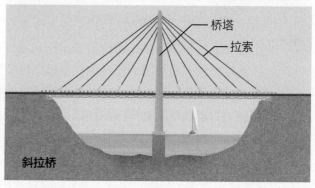

斜拉桥

桥塔　拉索

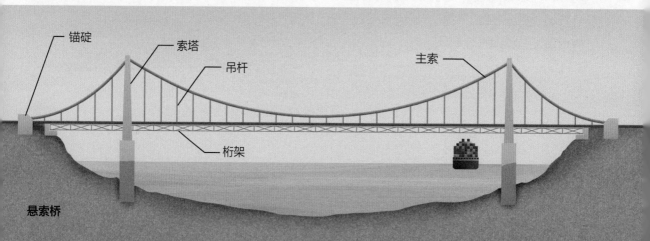

悬索桥

锚碇　索塔　吊杆　主索　桁架

桥梁类型

日常生活所需的许多基础设施往往不需要美轮美奂，我们当然可以建造更精美的输电线路或令人叹为观止的污水管网，但我们大多数时候不愿意付出这样的成本。但桥梁不同，如果必须在风景秀丽的地方建桥，那么人类似乎执着于让它们至少具备一些魅力。这并不是说世界上不存在丑陋的桥梁，但桥梁的外观在设计中确实是一个主要的考量因素。对于建筑爱好者来说，许多桥梁简直美得令人惊叹。跨越天堑的桥梁有很多种，虽然它们有一致的功能但却形式迥异。无论如何实现，一个可以悬空承载重量的结构总是神秘的。

最简单的桥梁结构之一是**梁式桥**。它由一跨或多跨**梁**组成，梁端支承在下方的**桥墩**或**桥台**上。受梁的尺寸限制，梁式桥通常无法跨越太长的距离。当跨度达到一定的长度时，梁就会变得很重，从而连自重都很难支撑，更不用说支撑上面的桥面和车流了。梁式桥主要用作短跨径桥梁，允许用多个中间桥墩作为支撑。道路的立交桥大多采用梁式桥，尽管梁式桥也可以做得很美观，但通常以实用主义为主（立交桥的更多细节请参见第 3 章）。

解决结构构件自重问题的一个方法是使用**桁架**而不是混凝土梁。桁架是由较小构件组装而成的刚性轻质结构。重量的减轻使桁架能够比实心梁跨越更长的距离。**桁梁桥**有多种形式，图示的为**下承式桁梁桥**，**桥面**在桁架底部，承重结构构件在桥面上方；相对的则是**上承式桁梁桥**，它的承重结构构件被布置在桥面下方。

另一种桥梁已有几千年历史：**拱桥**。大多数材料的抗压能力（沿轴线方向）优于**抗弯能力**（垂直于轴线方向），而拱桥正是仅通过拱形构件的压缩力就将桥的重量几乎完全转化为**拱**的轴向压力。许多古老的桥都采用拱形，因为在建筑材料有限的条件下（只有石头和灰浆的时代），拱桥是跨越天堑的最好方法。即使现在有了钢材和混凝土，拱桥仍然很受欢迎。它能将材料性能利用到极致，只是拱桥施工颇具挑战，因为拱在完工前无法提供有效支撑。相反，拱桥施工需要搭建庞大的临时支撑结构，直到拱顶两侧完全连接。

拱位于桥面下方的拱桥被称为**上承式拱桥**（如图所示），它的立柱将桥面的荷载传递到拱上。拱的一部分高于桥面而桥面悬挂在其中的拱桥被称为中承式拱桥，拱完全高于桥面的，则被称为**下承式拱桥**。拱可以采用多种方式搭建，包括采用独立钢梁、钢桁架、钢筋混凝土，甚至用石材或砖来砌。桥给拱的压力会产生水平力，也被称为**推力**。拱桥两侧通常需要有强大的桥台，以确保桥能承受额外的水平荷载。**系杆拱桥**使用拉杆将拱的两端连接起来，像弓弦一样，所以拉杆能承受水平推力。如果拱的两端都位于细长的桥墩之上，则基本可以确定它是两端用拉杆联系在一起的系杆拱桥。

　　增加梁式桥跨度的另一种方法是将它的支撑点移动至桥跨中心，使桥面在中心处保持平衡，而不是以桥跨两端作为支承。**悬臂梁桥**则利用从中心支撑处水平伸出的梁或桁架，将大部分重量集中于支撑点上方而不是桥跨中心。典型的悬臂梁桥有四个支撑，两个中央桥墩承受来自桥面的压力，而最外侧的支撑受拉，为每个**悬臂**提供平衡力。悬臂梁桥通常使用大型钢桁架来搭建，但也可以用混凝土来建造，有些甚至在两个悬臂之间设有**挂梁**，以增加桥梁跨距。

　　世界上最大跨度的桥梁往往利用了钢材可以抵抗巨大的拉力这一优势。**斜拉桥**正是利用被连接到高桥塔上的**钢拉索**从桥上方吊起桥面。拉索呈放射状，给予了这种桥型独特的外观。根据跨度的不同，斜拉桥可以设有一个或一对**桥塔**。桥塔类型多样，其中一些有花哨的形状，比如不对称的桥塔。

　　斜拉桥将桥面直接连接到桥塔上，而**悬索桥**则是利用垂直**吊杆**将桥面悬挂在两根巨大的**主索**下方。悬索桥因其巨大的跨度和修长、优雅的外观成为各地的标志性建筑。每个索塔就像扫帚支起一块毯子一样支撑起主索。桥的大部分重量通过**索塔**被传递到基础上，其余的则通过巨大的**锚碇**被传向桥端基础，以防主索从地面拉出。悬索桥结构纤细且轻盈，需要在桥面加装横梁或**桁架**来增强刚度，以减少风荷载和交通荷载造成的晃动。这种桥梁造价高昂，维护困难，只有当其他结构不足以通过架桥来凌空而过时才使用，很多人认为悬索桥代表了土木工程创造力的巅峰。

　　最后一种桥梁样式是活动桥（桥跨结构可以转动或移动的桥梁），此类桥通常是为了满足通航要求而建的，当桥跨抬起时，超高的货轮就能轻松通过桥梁下方的航道。虽然不是很常见，但世界各地还是有样式各异的活动桥，这些桥梁独一无二且是因地制宜打造的。到达一个新的城市后，观察活动桥并研究它们如何工作是我最喜欢的项目。

注意看

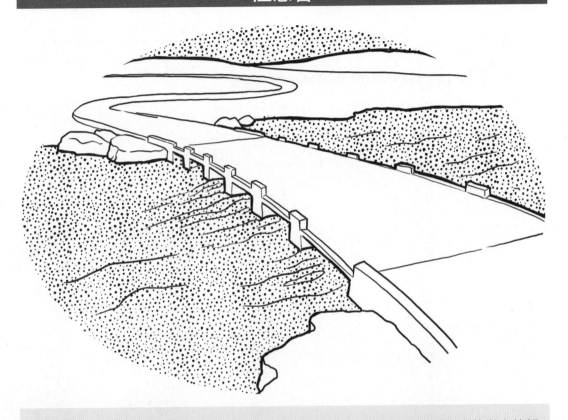

　　当资金紧张时，跨越小溪的另一种选择是漫水桥。与建在典型洪水水位以上的桥不同，漫水桥在水位上涨时可能会被淹没。它最常见于易发山洪的地区，这些地区溪流水位涨落迅速。理想情况下，漫水桥一年只会在几场大暴雨期间无法通行。漫水桥也有很多劣势，例如一定程度上像水坝一样阻断了鱼类洄游。当然，漫水桥最大的问题与安全相关，在与洪水相关的漫水桥致死事件中，很多都源于有人试图驾车驶过已漫水的桥面。不要小瞧水的力量，小而湍急的水流很容易将车辆冲入河里。这意味着通过节省漫水桥建筑资源而节省出来的资金，一部分要用于在暴雨期间设置路障，或用于在繁忙的漫水桥处安装洪水自动预警系统，以加大宣传，警示驾驶员切勿驶入被水淹没的道路等。

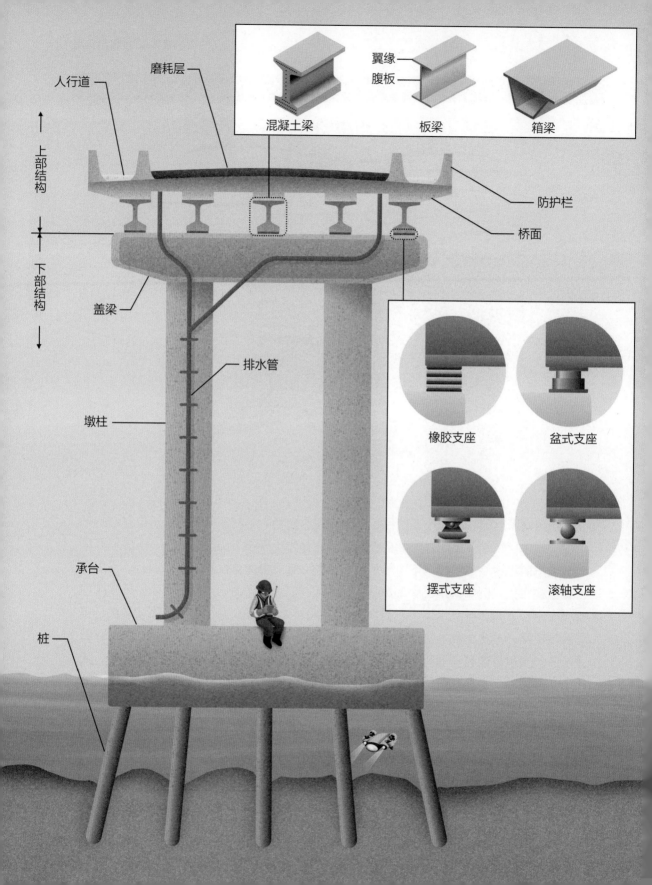

人行道

磨耗层

翼缘
腹板

混凝土梁　　板梁　　箱梁

上部结构

防护栏

桥面

下部结构

盖梁

排水管

墩柱

橡胶支座　　盆式支座

摆式支座　　滚轴支座

承台

桩

典型桥梁剖面

尽管每座桥各不相同，但是仅从外部观察，我们还是能看出大多数桥梁都具有明显的共同特征。桥梁的横断面揭示了其满足功能需求的各个组成部分。桥梁通常分为**上部结构**（支撑每个桥跨的交通荷载）和**下部结构**（将上部结构的重量传递到基础上），这两部分都包含引人入胜的细节。

桥面是车辆行驶的桥梁表面，通常由设计在桥梁上方的混凝土面板组成。在某些情况下，桥面是预制的，意味着混凝土在吊装就位之前就已经固化成型。有些桥面则是现场浇筑的，使用模板固定形状后浇筑混凝土，直到混凝土硬化再拆除。如果在施工中采用这种方法，必须谨慎操作。毕竟混凝土很重，当越来越多的混凝土被添加到桥梁上时，桥梁结构将发生弯曲。为了避免桥面开裂，施工方会精心安排施工顺序，使大部分变形发生在混凝土完全硬化前的浇筑阶段。

桥面带有一定的横向坡度，既可以从中心放坡（双向横坡），也可以从一侧放坡（单向横坡），以确保雨水不会在路面积聚。为了防止恶劣天气和交通载荷对混凝土桥面的损坏，桥面上需要加铺一层防水层和一层**磨耗层**。这层磨耗层可以让桥面变得更加平整，从而为驾驶员提供更舒适的驾车体验。磨耗层需要定期更换，而它下面的混凝土板则是桥梁的永久组成结构。桥面边缘通常设有**防护栏**以防车辆失控坠落，设有**排水管**以将雨水引离结构构件，必要时还设有**人行道**以满足人行要求。

根据设计，大多数桥梁都依靠梁或桁架来支撑桥面。对于梁式桥而言，梁或桁架是主要的承重构件，负责将所有力传递到下部结构。对于其他类型的桥而言，梁的作用可能仅仅是增加桥面的刚度，或者支撑吊杆、拉索、桁架等各节点之间的部分桥重，从而让这些节点来承担主要的受力。梁的上下两个表面受力最大，通常来说，梁顶面受压而底面受拉，因此大多梁呈"工字形"，以使受力的**翼缘**可布设更多材料，受力较小的中间**腹板**则可以更薄。这些梁通常是**板梁**或钢筋**混凝土梁**，另一种常见的**箱形梁**本质上是一个封闭的空心结构，由于其抵抗扭矩的能力强于普通梁，因此经常在桥梁弯道上使用。

支座将上部结构的荷载传递到下部结构，承载了桥的重量。梁不能被直接放置在桥墩或桥台上，原因很简单：桥会移动。上部结构在移动的交通荷载下会产生变形和振动，也会在阳光照射时膨胀，降温时收缩（尤其是在寒冷的冬夜）。如果不与下部结构隔离开来，这些微小的移动会产生应力，并可能导致桥梁结构构件损坏。支座在提供这种隔离的同时，还能确保力的均匀分布，以减少对承载结构的磨损。现实中有许多令人激动的支座解决方案，如果留心观察，你就能注意到桥梁使用了各式各样的支座。

大多数现代桥梁支座使用橡胶材料（也被称为柔性材料），以支承桥面和主梁的重量，同时允许墩柱与主梁之间发生轻微振动、旋转和位移。**橡胶支座**作为一个独立的结构构件，由纯橡胶或多层橡胶与钢板镶嵌组成，以控制自身发生鼓胀。另一种选择是**盆式支座**，它将弹性材料封装在钢制盆腔内。盆腔可以防止橡胶从侧面被挤出，所以可以填充更软、更柔韧的材料。盆式支座有时会设计中间钢板以适应滑动，而且还可以根据每座桥的不同需求设计为允许或约束不同的移动。许多旧桥使用**摆式支座**或**滚轴支座**，以允许上部结构发生旋转或水平移动，这些支座因维护费用较高而正在被逐步淘汰。

下部结构由垂直构件组成，承受来自梁、桥面、桁架、拉索或吊杆的荷载，并将这些荷载传递到地基。下部结构的形式因桥下土壤和岩石的特性、结构构件是否受到河流强烈的冲刷，以及结构所承载桥型的不同而大相径庭。下部结构的实心支承通常被称为**实体墩**，而一个由多列**墩柱**和**盖梁**组成的支撑则被称为柱式墩。每一座桥梁的两端支承被称为桥台，由于同时承受上部结构的垂直和水平荷载，桥台通常比桥墩更大。桥台也是桥和地面道路之间的过渡，因此有时要充当引道土体的挡土墙。

桥梁的基础是下部结构的一部分，将桥墩或桥台的重量传递到地基。一些基础由简单的混凝土基座组成，被称为浅基础。但是大多数桥梁基础使用桩基础，即向地面钻入或打入细长的钢管或混凝土**桩**。有时桩体倾斜（即不与地面垂直），以帮助桥梁抵抗除垂直荷载之外的水平荷载。每个桥墩可能会使用多根桩，桩顶用**承台**连接成一体，以承载上方的桥墩。

注意看

　　下部和上部结构之间的支座在提供支撑的同时，容许桥面有一定的位移，以免桥梁产生不必要的应力，但这并不够，桥梁还需要在桥面上留有间隙以容许这些位移。这个间隙被称为伸缩缝，其宽度不能低于桥梁在最热和最冷天气情况下发生热胀冷缩后的长度之差。桥梁跨度越长，这个缝隙就越宽。机动车和司机不喜欢过大、没有支撑的缝隙，因此，包含小桥桥面在内的各种桥面，必须满足汽车和卡车等各类机动车在通过伸缩缝时的安全性和舒适性。我们通常采用相互啮合的钢板或柔性橡胶材料来封闭这些缝隙，下次你驾驶在普通桥梁或高架桥上时，可以留意听听汽车通过伸缩缝时的"嘣嘣"声。

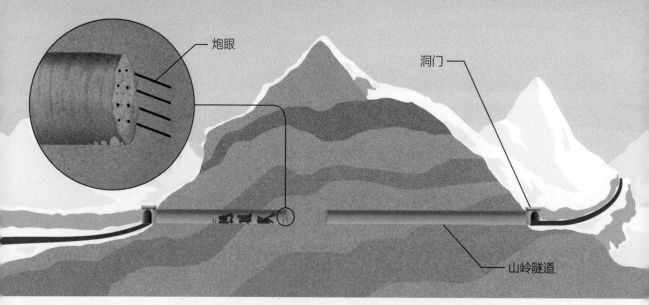

炮眼

洞门

山岭隧道

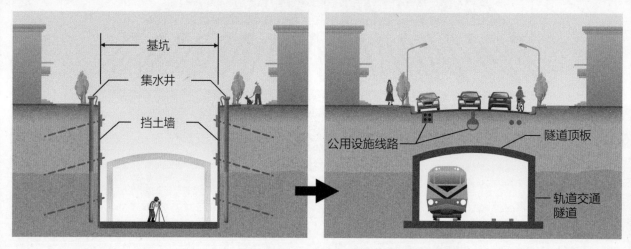

基坑

集水井

挡土墙

公用设施线路

隧道顶板

轨道交通隧道

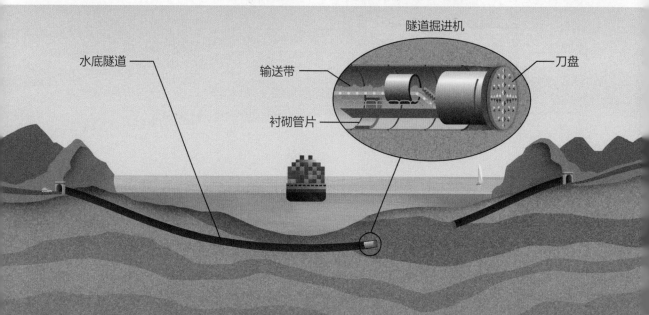

隧道掘进机

水底隧道

输送带

衬砌管片

刀盘

隧道概述

隧道的概念相对简单：在地下挖一个空心通道，供汽车、火车甚至行人通过。然而，隧道几乎是世界上技术难度最大、造价最高昂的工程项目之一。一些其他基础设施也利用地下通道（如引水隧道，本书后面会详细介绍），本章重点关注交通隧道。虽然隧道施工困难、造价高昂，但可以跨越各类交通工具原本难以通过或完全无法通过的地形。同时它也开辟了全新的出行维度，最大限度地利用了城市宝贵的土地。无论是对设计隧道的工程师来说，还是对通过隧道的旅客来说，地表以下都是另外一个世界。与在地表通行相比，在地下通行对人们有一种天然的吸引力。

隧道的主要功能之一是让人们跨越障碍，在地形陡峭、地势险峻的山区，隧道非常常见。与绕过陡峭的地形相比，有时直接穿过会更加实际。虽然很多**山岭隧道**的洞门之间（即隧道的入口和出口之间）的距离很短，但是长隧道也并不罕见，最长的超过 50km。

水体是另一个可以用隧道跨越的障碍。桥梁并非总是最简单的跨越河流或海湾的方式，尤其是在航运繁忙的水域。桥梁的支承结构可能会侵占航道，**水底隧道**则不会，它可以保证船只无阻碍通行。

隧道的另一个关键用途是组成人口密集城区的轨道交通系统的一部分，城区地表空间宝贵，轨道交通系统使用地下空间，可以避免与地面道路和其他基础设施发生冲突。由于**轨道交通隧道**的埋深通常较浅，所以常采用先开挖**基坑**的**明挖法**施工，从挖掘沟槽开始。在城市地表以下挖掘极具破坏性，也是充满挑战的严峻考验。因为现有道路必须被重新规划，**公用设施线路**也必须被加以保护或重新布局，附近的建筑也有可能需要额外加固以避免沉降。明挖施工时必须修建**挡土墙**，以保持基坑在开挖期间的稳定性（第 3 章中有更多介绍）。最后，还必须持续控制地下水，以免太多的水渗入基坑。如果挡土墙未修建防水结构，则可以修建临时**集水井**，直接从土壤中抽水；或者选择冻结土壤来防水，使用冷却系统和冷却管将一层水和土冻结为不透水的冰墙屏障，这堵临时的冰墙可以加固土壤，以防地下水进入施工范围。

基坑开挖完成后就可以开始建造隧道本身的结构了，无论是铺轨还是铺路，都需要在这个阶段完成。最后一步是**隧道顶板**施工，以及回填基坑、恢复地表设施。

明挖法也经常用于修建水下隧道，比如**沉管法**施工就是其中一种。预制隧道管段可以被精准沉放在水下疏浚好的基坑内，然后由潜水员将相邻管段连接，接着再用土石回填压重，以防管段上浮，最后再将管段内的水排出。在城市区域，明挖隧道通常分为多阶段施工，因为在城区挖开一条很长的基坑且施工持续数月甚至数年往往不太可行。但这个问题可以通过另一种隧道施工方法来避免：暗挖法。

与明挖法类似，暗挖隧道也遵循几个主要步骤：开挖、出渣、安装支护以加固土体并隔水，最后完成隧道主体施工。暗挖法的好处是不破坏地表，施工进度快，并且可以使隧道穿过原本不可企及的区域（如繁忙街道下方或现有建筑下方）。尽管历史上隧道开挖方式有很多种，但现代隧道主要以两种下面方式进行暗挖。

第一种方式是人工开挖，通过在岩石中钻**炮眼**、装填炸药来爆破岩石，不断推进隧道工作面。在软土中，工作人员可以使用临时支护结构（**盾构**）来进入隧道工作面。人工挖掘隧道的一个重要优势是，方案可以根据地质条件随时调整，而且额外的支护只有在需要时（如岩石较软或开裂时）才加装，避免了不必要的加固支出。

第二种方式是采用**隧道掘进机**。这个庞大的设备就像一个巨大钻头，其前端的旋转**刀盘**可以切碎岩石和土壤。隧道掘进机还自带**输送带**，可以运出掘进产生的土石方。除此外，隧道掘进机还配有混凝土**衬砌管片**安装设备，用以安装支撑隧洞墙体和顶板的管片（下一节有更多关于隧道衬砌的细节）。尽管隧道掘进机价格昂贵且难以运输，但是它可以提高隧道施工效率，所以常用于长且大的隧道或地质条件复杂的隧道的施工。

隧道掘进往往比较缓慢，因此较长的隧道通常会从两端同时施工，以缩短工期，但这也带来一个新的挑战：两端的施工队伍如何在毫无参考的情况下，精确地对直开挖并在中间相遇呢？此时引导施工队伍或隧道掘进机正确走向的测量人员很难利用卫星定位或地表基准，所以他们通常依靠地球磁场来确定方位。由于施工中用到的铁和钢材的干扰，指南针精度往往不够高。即使微小的方向误差，在长距离的累积后也会形成较大的偏差。因此，测量人员使用高精度指北的陀螺仪，这个仪器可以精确地指引隧道掘进方向，使隧道施工能够准确地在出口井中心实现贯通，同时使两端施工队实现精准对接。

注意看

　　当白天进入隧道，外面的明亮阳光突然过渡到隧道内的人工照明时，人眼会产生"黑洞效应"。这可是一个严重的安全问题，因为人眼需要时间来适应亮度的变化，驾驶员可能会因隧道入口的短暂黑暗及出口的迎面强光而被短暂致盲。许多创造性的解决方案用于应对光亮转换产生的问题：一些隧道的出入口前放置了遮阳结构，以为驾驶员提供更平滑的照明过渡；一些隧道出入口处的墙壁上涂了白漆，人为地将更多光线反射到驾驶员视线中。大多数现代隧道都采用定制照明方案，以确保驾驶员全程视线良好。注意观察隧道内的灯光强度变化，当你驶过一条隧道时，灯光会慢慢变暗，然后在接近出口时又变亮。

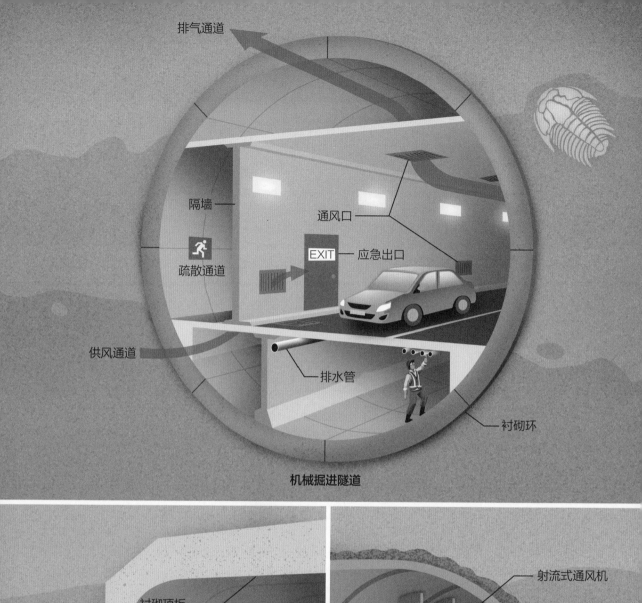

排气通道

隔墙

疏散通道

通风口

EXIT — 应急出口

供风通道

排水管

衬砌环

机械掘进隧道

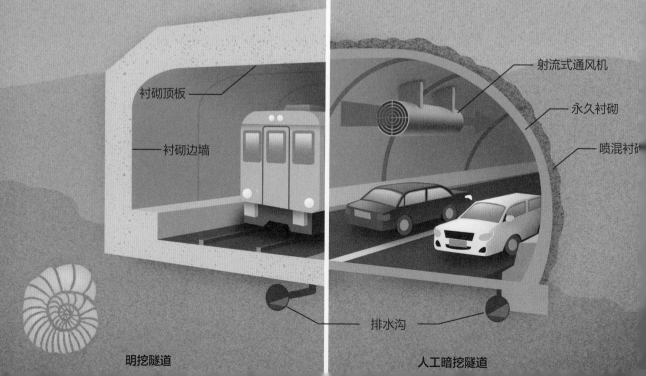

衬砌顶板

衬砌边墙

射流式通风机

永久衬砌

喷混衬砌

排水沟

明挖隧道

人工暗挖隧道

隧道横截面

每条隧道都是视具体情况设计的独特结构。当谈到地下隧道时，大家可能会觉得隧道的样式都大同小异。其实不然，许多因素都会影响隧道的设计，比如位置、长度、深度、地质条件、交通量等。许多设计细节用来保障人们能够安全舒适地通过地下隧道，如果你能留意到，这些细节是非常值得回味的。

像空气的重量产生大气压强一样，地表上方大量的土壤和岩石也会使地下存在压强，压强会随着深度的增加而越来越大。在地下建造隧道会改变这些压力的传递，就像移除大厦的一根柱子一样，挖掘隧道相当于移除了土（岩）体的部分支撑。此外，隧道通常建在地下水位以下，因此也受到水压的困扰。比修建大厦更麻烦的是，大厦的荷载主要来自上方，而隧道的土压力和水压来自四面八方，所以大多数隧道需要衬砌，以抵抗压力，保持通道打开，防止塌方，并尽可能地减少地下水渗入。

在**人工暗挖隧道**过程中，通常向洞壁喷射混凝土（被称为**喷射混凝土**）来进行衬砌，以提供初期支撑。在隧道开挖后的应力重新分布过程中，这层混凝土可以固结土壤和岩石，后期还要再加一层钢或混凝土**永久衬砌**来提供支撑。在城市**明挖隧道**中，衬砌通常是由原位浇筑的钢筋混凝土组成的。原位浇筑的步骤是先架设模板、绑扎钢筋，然后再将混凝土泵入或浇入模板，待混凝土硬化后拆除模板，最后回填隧道**衬砌边墙**和**衬砌顶板**周围的土壤。在**机械掘进隧道**中，衬砌物通常是混凝土**衬砌环**，每个环由预制管片制成，被运至隧道工作面即可吊装。管片设有密封条，以防地下水渗入，并且使用了楔形的几何形状，以便在安装完成后可以牢牢紧扣。

大多数隧道采用拱形或圆形截面，因为这种形状最能抵抗土压力。拱就像河流上的拱桥那样，可以重新分配隧道周围的应力。但是对驾驶者来说，隧道看起来可能不会是圆形的，因为许多隧道使用**隔墙**将交通与各种辅助系统和公用设施隔开。虽然这些系统通常隐藏得很好，但仔细观察，你还是可以在通过隧道时发现一些蛛丝马迹。

隧道辅助系统的一个关键功能是排水，施工时必须有措施来应对从洞门进入的降水、从衬砌渗入的地下水，以及清洗隧道墙壁或灭火时使用的水。积水通常从路肩预留的缝隙进入**排水沟**或**排水管**。如果有可能，隧道一般会向洞门方向倾斜，以使水从中部向洞门自流并排出。但是，许多隧道埋藏得过深，无法实现自流排水。在这种情况下，最低点处会设置小型集水坑。当集水坑装满时，抽水泵会自动启动，将隧道积水抽送至下水道或排水口。隧道中的水在流动过程中常会混入污染物，变得非常脏，所以现在隧道常设有积水排放前的水处理措施。

通风系统是隧道最重要的安全设施之一。发动机、轮胎和制动器都会排放各种污染气体，这些污染气体很容易聚集在隧道内。此外，隧道内偶尔也会发生车辆起火事故，事故产生的烟雾尤其危险，会堵住有限的撤离途径。这时，进出隧道的气流会变得非常复杂，通风不足会导致污染气体聚集，但过度通风又会加剧火势，而且有可能产生湍流，反而阻碍烟雾扩散。所以隧道通常采用许多种不同的通风方案，以保持新鲜空气的流动。

许多隧道的通风原理和一个简单的管道的通风原理无异，新鲜空气从一端进入，污浊空气从另一端排出，这种方式被称为**纵向通风**。纵向通风利用安装在隧道顶板的**射流式通风机**来推动和加速隧道内的空气流动。另一种纵向通风方式是利用**萨卡尔多式喷嘴**[1]，以较小的角度向隧道入口喷射高速空气。单向交通的隧道最适合纵向通风，因为气流可以与车辆同向流动。火灾发生时，事故点前方的车辆可以随着带走烟雾的气流驶出隧道，事故点后方的车辆迎风撤离，不会暴露在有害烟雾中。

当隧道长度超过一定的值时，纵向通风的效率会变低，因为在极长的距离下维持空气有效流动较难。即使气流顺畅，污染气体也会不断累积，致使隧道出口附近的空气质量远差于入口。在这种情况下，**横向通风**更为合理，即利用通风管道沿隧道长度方向的不同位置布置**通风口**。一个完整的横向通风系统需要两个通道，分别用于输送新鲜空气（**供风**）和排出隧道内每个风阀处的废气（**排气**）。最新的通风系统采用分区管理的方法，以聚拢烟雾，保证火灾产生的烟雾不会向隧道全长蔓延。复杂的控制系统还可以检测事故，并调整通风口和风机，将每个区域隔离开来。

许多隧道设有**应急出口**，以确保在发生交通事故或火灾时，人员能够撤离到安全地点。这些有着明显标识的逃生门通向相邻的平行隧道或安全**疏散通道**，同时通风系统给疏散通道内持续增压，保证即使逃生门打开，烟雾也不会进入疏散通道。

---

1 萨卡尔多式喷嘴的特点是将风道出口缩窄，形成喷嘴，风机吹出的机械风经过喷嘴形成高速（约30m/s）的气流后被射入隧道中，从而向洞口吹入大量新鲜空气。

注意看

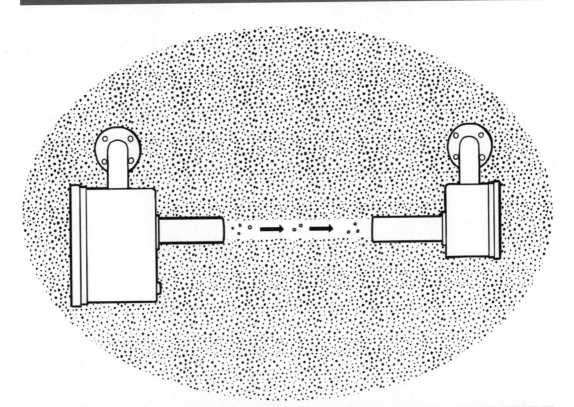

　　隧道通风系统必须可调节，以确保在任何交通量或任何紧急情况下都能提供足够的新鲜空气。隧道通风系统的工作原理和家用恒温器很相似，只是隧道通风系统不关注温度，重点测量空气污染程度。当隧道内的空气质量开始下降时，监测系统会提高风扇转速或打开通风口，用外部空气来替换受污染气体。当然，测量污染物的含量比测量温度更需要智慧，隧道中的许多空气质量传感器利用光线来监测有害气体的浓度。发射器发出的强烈光束穿过隧道内的空气，不远处的接收器接收并测量光的变化。隧道内可能有很多种有害污染气体，而每一种污染气体都有吸收特定波长的特征，因此接收器可以使用复杂的算法来高精度地计算不同气体的浓度。这一过程利用了光谱学知识，利用这一原理的监测设备都有明显的外观特征，你可以在隧道中找一找带有圆柱形光线发射器和接收器的盒子，它们一般相隔一定距离成对出现。

5

铁路

简介

铁路是最早的陆地运输方式之一，闪现在世界上几乎所有国家的历史之中。铁路推动了 19 世纪美国的国家扩张和经济增长，影响可能超过当时任何技术。时至今日，铁路仍然是人们出行和货物运输的重要方式。

铁路在推动人口快速流动和货物高效运输上有两个优势。第一，钢轮在轨道上运行，只需耗费很少的能量即可克服摩擦力（尤其是与橡胶轮胎在沥青路面上行驶相比）。所以，虽然火车看起来庞大，但是它们的发动机重量与其牵引的重量相比不值一提。相当于你仅靠除草机那么小的发动机就让整个汽车跑起来。第二，更重要的是铁路沿着专用的轨道运行，其路径相对直接、无阻碍，不受机动车交通的影响。这些专用的轨道实现了其他交通方式望尘莫及的可靠性。

铁路在世界各地都有专属的狂热爱好者（通常自称铁路迷），他们对铁路的热爱超过了任何其他类型的基础设施。无论是对早些年代的怀旧，还是单纯地喜欢近距离观察大型机械，许多人热衷于欣赏铁路的相关细节，当然铁路确实也有许多值得欣赏的地方。比火车本身更吸引人的或许是它们行驶的线路，这些线路充满了值得探索和欣赏的特别之处。

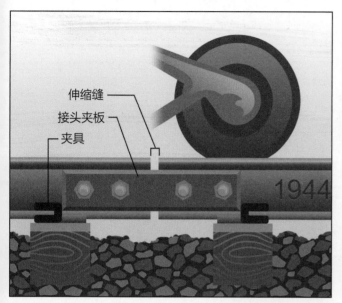

弯道

伸缩缝
接头夹板
夹具

1944

翼缘
锥形车轮
车轴

轨头
轨腰
轨底
道钉
垫板

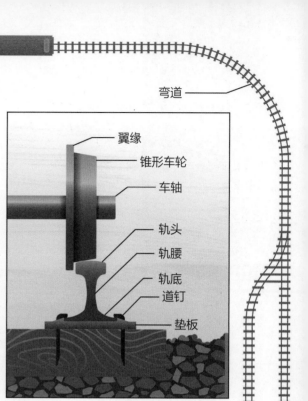

站线

火车

车钩

胀轨

枕木
加高路肩
道砟
轨距
曲线超高

路基

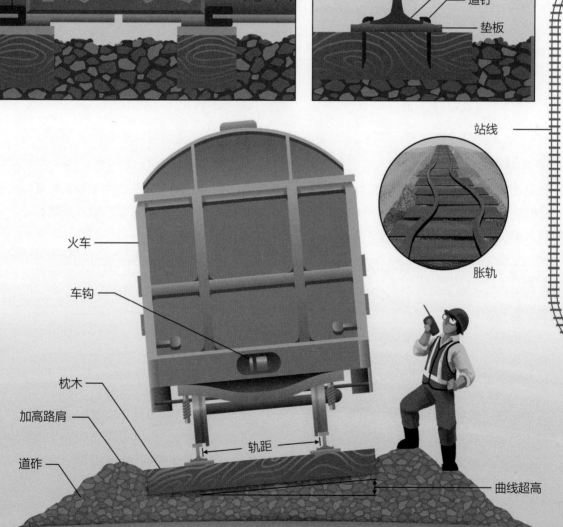

铁路轨道

铁路轨道包含使火车快速且顺畅地到达目的地所需的所有要素。轨道是铁路最明显的特征，需要支撑火车和货物的巨大重量，一般由高品质钢材制成，以承受令人难以置信的压力。仔细观察，你通常可以在**轨腰**上找到其制造年份，以及每段铁轨的出厂情况等详细信息。轨道有不同的尺寸和形状，但它们大多采用相似的形状：工字形，轨道顶部是车轮行驶的球状**轨头**，底部是一个固定在轨枕上的平面**轨底**。

推动火车前行所需的力通过车头驱动轮与铁轨之间的摩擦转移到铁轨上。很难想象的是，每个车轮与铁轨之间的接触面仅有硬币大小，这意味着任何一列货运火车的重量仅集中在和本书平面尺寸相当的一小块钢材之上。

曾经各段铁路轨道均采用**接头夹板**进行连接，轨道之间留有**伸缩缝**。因此当火车车轮驶过这些接缝时，每部分的接头处都会响起标志性的咔嗒声。这些短小但频繁的间断点给火车带来磨损，同时也给乘客造成不适。所以现在大多数铁路都采用焊接工艺，以创造出连续无接头的无缝光滑轨道。

消除铁轨接缝的一个挑战是热运动，即钢材在低温时会收缩，在高温时会膨胀。大多数结构利用伸缩缝满足胀缩，而焊接的连续轨道则限制了这种热运动。在寒冷的天气里，轨道本应收缩，因而会承受拉应力。在暖和的天气里，轨道在受到约束无法膨胀时会承受压应力。冷热之间某个点的温度被称为**中性温度**，轨道在这个温度不受温度应力的影响。如果环境温度与中性温度偏差太大，那么由此产生的应力可能会超过轨道的强度。在炎热的天气里，铁轨可能会发生膨曲（**胀轨**），从而给火车带来出轨的危险。所以铁轨在安装前常被加热或拉伸，以降低膨曲的可能性，同时提高铁轨的中性温度，以保证即使在炎热的天气里，铁轨也不会产生过大的温度应力。

有许多种方法可以将铁轨固定在横向的**枕木**（轨枕）上。历史上，带偏心大头的**道钉**被锤入铁轨两侧以固定轨道，这种道钉仍使用在美国的一些铁路上，更现代的铁路则使用各种各样的高强度**夹具**。北美木材产量充足，所以枕木通常用木材制成，但枕木也可以用混凝土来制作。枕木有两个基本作用：承受上方火车的重量，保持两轨之间的精确间距（轨距）。木枕木上通常还会放置一块**垫板**，以分散铁轨的集中应力。

保持精确的**轨距**尤为关键，因为车轮必须在轨道之上，稍有偏差都无法实现这一点。

你可能会认为火车采用**单辊轮对**[1]转弯的设计有问题，毕竟火车在转弯时，**弯道**外侧的车轮需要比内侧的车轮走更长的距离。汽车使用了**差速器**[2]，所以驱动轮可以在转弯时独立旋转，应对火车内外侧车轮转弯行驶距离不同的方法是使用**锥形车轮**。当火车进入弯道时，车轮上的每个**车轴**都会因惯性而向外侧移位，使外侧车轮接触在更大的半径上，内侧车轮接触在更小的半径上，这补偿了内外侧车轮在弯道处的行驶距离差距。**翼缘**的设计出于安全考量，能在轨道受损或车轮对不齐时防止脱轨，而在正常运行时翼缘根本不会与铁轨接触。

枕木并非直接被放置在轨道下方的**路基**上，因为路基底土几乎没有足够的强度能承受火车的巨大重量，一个由叫作**道砟**的松散岩石建成的路堤能将负荷均匀分散到下层土壤中。道砟通常由碎石建成，且棱角分明，这有利于和路基紧密连接。它不仅可以在垂直方向上分散来自轨道的压力，而且为每块枕木提供水平方向的支撑，帮助其抵抗由温度应力造成的形变和火车转弯时产生的横向应力。许多路堤都有**加高路肩**，可以为每块枕木提供额外的横向阻力。道砟碎石之间的空隙还可以确保雨水顺畅排泄，而不是在道床上聚集。

铁路的几何形状是铁路设计中的关键。与公路相比，铁路占地宽度更窄，因为铁路两侧不需要留出宽阔的净区。相较于汽车，火车的通行需要更缓和的**弯道**和坡度，因为连接车厢的**车钩**不能适应过急的转弯，而且转弯时过大的离心力也会给乘客和货物带来过大的应力。为了解决这个问题，可以采用公路设计中的一个方法——设计**曲线超高**，使火车在转弯时倾斜。这种倾斜也被称为**外轨超高**，可以减少火车转弯时产生的不利水平力。

再来看铁路在竖直方向的变化。火车与钢轨之间没有足够的摩擦力，无法在陡坡上有效制动，而且陡坡会使火车减速，从而削弱铁路的运输能力。所以下次从铁路旁路过时，请观察一下轨道的情况，你会发现尽管铁路也会随着地面起伏，但它会尽可能地维持在同一高度，坡度的变化是非常平缓的。

轨道数量也是铁路设计中需要考虑的关键要素。与双线轨道相比，单线轨道的建设和维护成本更低，缺点也更明显。最关键的是，相对行驶时必须留出空间给对向火车让行，而**站线**（或**避让线**、**会让线**）作为一小段平行的轨道，允许火车在此交会错车。单线铁路的运量取决于这些避让线的数量，精心安排时间表也可以最大限度地提高单线铁路的运量。采用两条或多条轨道则可以大大提高铁路的运量和可靠性。

---

1 轮对，火车与钢轨相接触的部分，由左右两个车轮牢固地压装在同一根车轴上，形成通轴的整体结构，而不是像汽车采用的那种独立悬挂、分立式的结构。

2 一个使汽车左、右（或前、后）驱动轮能够以不同转速转动的结构。

注意看

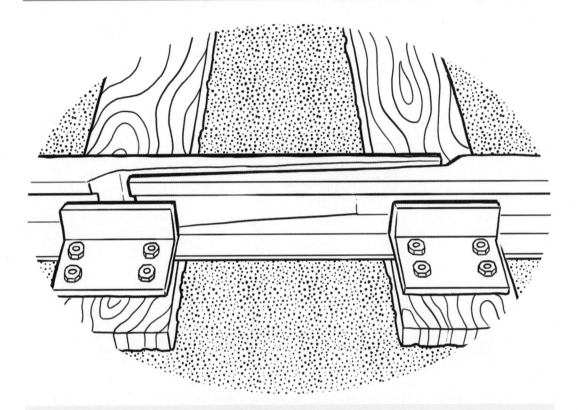

　　尽管现代铁路主要使用连续焊接的铁轨，但长轨段之间偶尔还是需要断点的，这在桥梁或高架桥上尤其重要，原因是混凝土的胀缩率与上方的铁轨不一致。在铁轨的热运动不受控制的接缝处，必须设计足够的间隙，以应对轨道因温度变化而在长度上产生显著偏差。如果在轨段之间使用普通的对接接头，乘客会感受到火车明显的顿挫。有一种方法可以规避这个问题：铁轨上的伸缩缝（也叫作温度缝）使用斜切接头[1]。斜切接头可以保证火车车轮从一段铁轨平稳地过渡到另一段，同时为轨道留出足够的热运动空间。

---

1 斜切接头在我国的应用并不广泛，其缺点是斜切接头处钢轨受力面积减小，导致应力加大，反而容易损伤钢轨。

信号灯　　　　信号灯　　　　信号灯

区块　　　　区块　　　　区块　　　　区块

辙叉

信号楼

基本轨

信号机　　　　　　　　　　　　道岔

转辙机

护轨

菱形交叉

导曲线轨

连杆

尖轨

绝缘接头

道岔和信号灯

将火车限制在固定轨道上，似乎可以避免交通流量带来的挑战，毕竟当火车只能朝两个方向中的一个移动时，司机面临的决策机会并不多。然而，要有效地利用铁路，许多火车就需要共享同一条轨道。正是因为铁路受限于单一的维度，即火车通常沿预定的轨道前进，所以满足火车的交会和车道变换还是需要足够的创造力的。

使满载的火车完全停止需要相当长的一段距离，这是铁路交通管理的一个重大难题。与汽车驾驶员可以实时看到危险并做出反应不同，火车需要超过约 1.6km 的制动距离才能完全停止。当火车在全速行驶时，司机在看到轨道上有障碍后再做出反应，就已经太迟了。所以，共用一条铁路的火车需要在彼此之间保持足够的停车距离，以免在遇到特殊情况停车时发生追尾事故，而且要想保持安全距离，不能全指望驾驶员的肉眼观察。

多年来，火车交通管理的解决方案层出不穷。最早的方法很简单：制定时间表，规定每天每列火车在任何时间的具体位置。这种系统明显的不足在于，火车有可能因发生故障或遇到其他问题而无法遵循时间表。最好的结果是，这些故障同时延误了该线路上的所有其他火车，最坏的结果当然是发生追尾事故。大多数现代铁路交通控制方案基于闭塞技术将铁路细分为很多小段（**区块**），当一个区块内仍有火车时，其他火车禁止驶入该区块。对于无信号灯的铁路，通过凭证可以管理火车，调度员可以给特定主线上行驶的某辆火车的司机提供标准化的凭证。然而，大多数交通量很大的路线还是以**信号灯**为控制区块间交通的主要方式。

就像公路上的交通信号灯一样（第 3 章提到过），铁路信号灯也可以告知火车司机何时可以安全通过。事实上，许多铁路信号灯使用不同灯光的组合来表示前方路线的限速等信息。即使在北美地区，许多铁路也使用不同的标准，所以完全理解各种信号的含义比较困难。最简单的区块信号灯通常只有一个**信号机**，显示三种颜色——绿色、黄色和红色，与公路交叉口使用的信号灯相似。绿灯意味着后续区块均无障碍，火车可以继续全速行驶。黄灯表示下一个区块无障碍，但再下一个区块有障碍，此时障碍区块的信号灯是红色的。红灯意味着下一个区块已经被占用，此时不允许火车通过。

有的信号灯由调度员控制，但也有信号灯由**轨道电路**自动操作，后面这种信号灯最基本的设计原理是在区块一端的轨道上输入低压电流，另一端通过继电器测量电流，以控制附近的信号灯。当火车进入一个区块时，车轮和车轴在轨道之间形成导电路径，短路电流可以断开继电器。人们在每个轨道区块之间采用绝缘材料制成**绝缘接头**，以确保相邻的信号灯不会互相干扰。非导电材料被用于连接两段铁轨，同时保持铁轨在电学上的隔离。现代轨道的电路甚至可以提供每列火车的具体位置和速度信息。用于控制信号的继电器、电子设备和电源通常被隐藏在**信号楼**中。

除区块信号外，多个信号机和光线的组合可以表示很多种含义，这就更复杂了。最繁忙的铁路公司采用与航空调度相似的集中调度指挥中心，以协调火车的运行时间和路线，避免产生冲突。现代交通系统还可以向每列火车的驾驶室传送警告和其他信息，以减少人为失误的可能性。最复杂的信号系统甚至允许火车互相通报位置，以实现区块随火车而动，而不是地图上静态的闭塞分区。

铁路交通管理的另一个重要部分是不同轨道之间的转换。火车通常需要换道或驶入主线以外的目的地，抑或是进入编组场交换车头或车厢。如果没有在不同轨道之间变轨的方法，那么火车将会永远被困在固定轨道上，这些任务就很难完成。**道岔**为火车变轨提供了可能。最基本的道岔使用两条被称为**尖轨**的活动锥形轨道，两条尖轨中哪一条与固定的**基本轨**相接，车轮就被引导至哪个方向。轨道下方的**连杆**将尖轨连接到选择火车行进方向的**转辙机**上。有时，铁路职工需要手动推动转辙杆来控制方向，或者由调度员通过电动转辙机来远程控制方向。

一旦通过尖轨，火车就会在另一条轨道上行驶。然而，在车轮到达主线之前，左转列车的右侧车轮必须越过另一条轨道的左侧铁轨，或者让右转列车的左轮越过另一条轨道的右侧铁轨。这种交叉要求轨道上必须留有间隙，以便车轮的翼缘可以通过，最终交叉任务是通过**辙叉**完成的。在翼缘通过间隙之前，横跨而过的车轮需经过**导曲线轨**到达辙叉。紧邻辙叉的是**护轨**，护轨与主轨平行，以保持车轮对齐并防止脱轨，当然你还可以在急弯或桥梁上看到护轨的使用。

当两条轨道相互交叉但又不互通时，**菱形交叉**[1]的使用是必不可少的。这种交叉由四个辙叉组成，容许每侧车轮跨越相交的两根轨道。道岔和菱形交叉都会因频繁的火车交通而遭受严重的磨损，因为车轮在越过间隙和接头时会产生巨大的冲击力，这个冲击力会给机车和铁路本身带来损害。正因如此，巡查员会格外留意道岔，以降低脱轨故障发生的可能性。

---

1 菱形交叉在美国早期修建的铁路上被广泛使用，我国以可以互通的交叉为主，所以菱形交叉在我国并不常见。

注意看

　　尽管铁路运输仍然是全球范围内人员出行和货物运输的重要方式，但铁路建设的鼎盛时期已经过去。随着时间的推移，铁路运输行业加速整合，其他交通运输方式效率提高，许多国家的部分铁路已经停用。幸运的是，铁路坡度平缓，而且很多铁路路线直达城市中心，沿线风景秀丽，停用的铁路因而非常适合步行和骑行。将废弃的铁路改建为长距离的多用途通道，这种做法在世界各地都很常见。最长的铁路改建线路延绵数百公里，连接了社区、公园、商店、餐馆及露营地等，非常值得游玩。

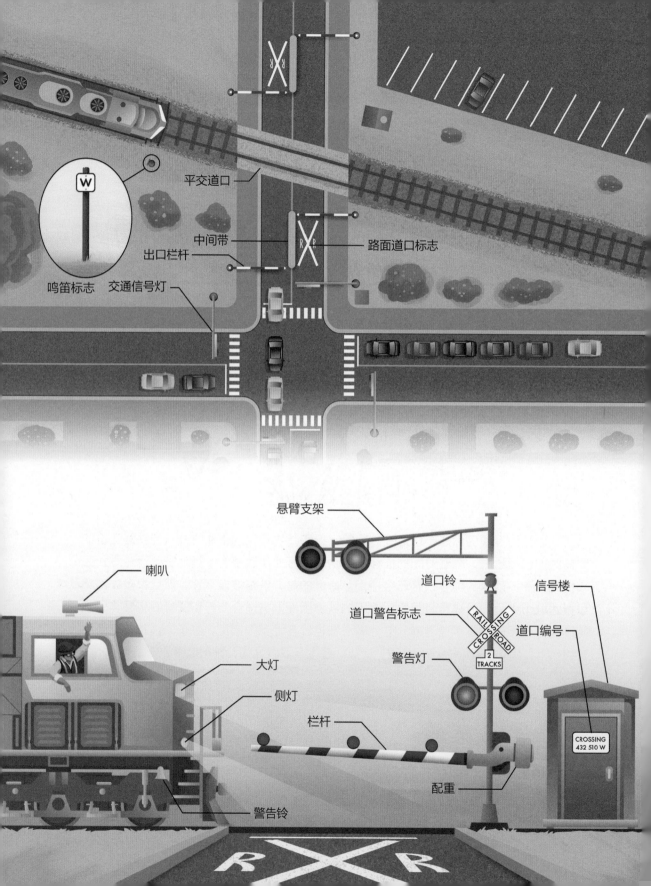

平交道口

中间带

路面道口标志

出口栏杆

鸣笛标志

交通信号灯

悬臂支架

喇叭

道口铃

信号楼

道口警告标志

道口编号

大灯

警告灯

RAILROAD CROSSING

2 TRACKS

侧灯

栏杆

配重

警告铃

CROSSING 432 510 W

平交道口

　　虽然铁路会穿越人烟稀少的广大区域，但这些区域之间不见得总是人烟稀少，相反，这些区域的两端往往是繁华的城市中心。铁路越接近人口聚居的地方，与其他基础设施的冲突也越多。最关键的是，铁路阻断了行人和机动车辆的通行。一些道路和铁路使用桥梁互相交叉，以避免互相干扰，但还是有许多在同一水平面相交，这些**平交道口**[1]是普通人最容易见到铁路的地方。如前文所述，因为全速行驶的火车无法在驾驶员的视野范围内刹停，而且也很难通过转向来避开障碍物。因此，火车在平交道口处总是有先行权，行人和机动车必须停下来等待火车先通过。平交道口有许多相应的安全设施，有助于减少发生危险碰撞的可能性。

　　在许多国家，平交道口有专门分配的标识号，也被称为**道口编号**，用于简化事故和故障的报告流程，毕竟现代铁路公司（及其监管部门）都致力于公共安全和对相关故障的快速响应。平交道口的安全设施通常可分为两类：被动设施和主动设施。**被动设施**是指无论有没有火车接近都不会变化的警告设施，通常包括一个停车或让行标志，以及一个**道口警告标志**。铁路道口警告标志是国际公认的，由两根横条组成 X 形。当存在多条铁轨时，一个补充标识牌会被用于标明道口的轨道数量。道口警告标志通常还会被刷在路面上（**路面道口标志**），以确保驾驶员知晓前方有铁轨穿过。许多交通量较小的平交道口只使用被动安全设施，驾驶员有义务留意这些警告，注意观察火车，并在安全的情况下快速通过。

　　主动设施可以在火车接近时为机动车驾驶员提供视觉或听觉上的提示。它们通常由自动闭塞信号中使用的同类型的轨道电路触发（在前一节中有描述）。与铁路信号灯一样，控制平交道口自动警告装置的继电器、电子设备和电源等通常被隐藏在**信号楼**内。当火车接近平交道口时，一对红色的**警告灯**开始闪烁，提醒机动车驾驶员此时需要停车等待。如果车行道路有多个车道，道口的一个**悬臂支架**上可能还会再加装一对过顶的警告灯。机械或电子的**道口铃**可以给可能看不见闪灯的行人或非机动车驾驶员提供声音警告。

　　除灯光和铃声外，许多平交道口还设有**栏杆**，当火车经过时栏杆放下，栏杆横跨驶入车道形成物理隔离。栏杆配有反光条和灯光，即使在夜间也很醒目。许多平交道口还配备了**中间带**，以阻止司机绕过栏杆。出于同样的原因，风险较高的平交道口通常还会安装**出口栏杆**，出入口栏杆有一定时延，可以避免将车辆困在轨道上。大多数平交道口的栏杆旨在提供视觉警告，但它们不够坚固，无法挡住失控的车辆，所以高速火车通过的平交道口

---

1 平交道口在我国已经越来越少，现在主要的电气化铁路已实现全立体交叉，只有少数非电气化铁路仍留有平交道口。在国外，平交道口随处可见，如日本有 3 万多处，法国有 1 万多处，而美国有超过 10 万处平交道口。

可能会安装更坚固的防撞栏杆。

平交道口面临的另一个挑战出现在铁路附近有**交通信号灯**控制的路口[1]。被交通信号灯截停的车辆队伍可能会一直堵在铁轨上，因此在确定前方畅通之前，千万不要尝试驶上铁路平交道口。即使已经很注意了，但还是会有排队的司机错误地估算前方等待交通信号灯的队伍留给自己的可用空间，最终发现自己不小心被堵在了铁轨上。所以，平交道口附近的繁忙路口的交通信号灯通常需要与自动警告设施相配合，使得横跨铁路方向的交通信号灯会在火车接近前变成绿色，以快速清除堵塞在铁轨附近的车辆。

平交道口设计需要考虑的一个关键因素是警告设施被激活至火车抵达平交道口之间的这段预警时间。工程师需要确保有足够的时间让车辆驶出平交道口或在平交道口之前停下来，但这段时间又不能太长，以免不耐烦的司机以为设施发生故障而试图绕过栏杆并穿越道口。人们本能地不信任自动化设备，如果被交通信号灯耽误太长时间，或者行程被无端中断，人们的不信任感只会加深。工程师会综合考虑交通量和交通类型、平交道口与设有交通信号灯的路口之间的距离、轨道数量，以及许多其他因素，以达到相对的平衡。最复杂的轨道电路可以预估火车的速度，确保预警时间不会太长。如果火车在到达平交道口之前停车，它还可以取消警告。

自动警告设施的设计遵循故障保护原则。当发生故障或断电时，设施会恢复到最安全的状态，即假设火车正在接近时的状态。即使断电，大多数设施也配有为警告灯和警告铃供电的电池。栏杆配有精心配置的**配重**，在没有电力将它们提起时，栏杆会自动落下。总之，所有的故障保护措施都可以确保：当警告设施发生故障时，机动车辆不会在无意中穿越铁轨。

除道口警告设施之外，火车还自带警告装置，包括**警告铃**、明亮的**大灯**和小一点的闪烁**侧灯**。最引人注意的是，火车会在进入每个平交道口前发出刺耳的**喇叭声**。标准模式是两声长鸣、一声短鸣、一声终止的长鸣，鸣笛会在火车到达平交道口前按顺序延长或重复。如果仔细观察，你有时可以在铁轨旁看到**鸣笛标志**：一个被放置于平交道口前方的小标牌，用于提示火车司机何时可以开始鸣笛。在美国，它通常是一个小小的白底路牌，上面印了一个大写字母 W[2]。

有了这么多类型的警告设施，人们应该可以在穿越铁路轨道之前就能留意到是否有火车驶来，但事实上，每年世界各地都会发生数百起火车与机动车相撞的致命事故。如果你

---

1 本节涉及的路口特指机动车和非机动车所行驶的普通道路的交叉口。铁路与道路的交叉口统称为平交道口。

2 在中国，鸣笛标志一般是一个菱形的白底标牌，上面印了"鸣"字。

开车时看到道口警告标志，请务必停车观察两个方向是否有火车驶来，确保安全后再越过铁轨。

注意看

　　铁路有一个难以规避的问题——噪声，特别是在平交道口处，每辆通过的火车都会发出震耳欲聋的鸣笛声。过度的噪声对人体健康有害，给人们增加压力，破坏人们的睡眠，甚至导致少数人的听力长期受损。但是，火车又不可避免地经常穿梭于人口稠密的地区，鸣笛声让这些地区的人难以忍受。为了减轻这种困扰，许多政府划定了禁鸣区，火车经过这些路段时不会在平交道口前鸣笛，但会设计额外的安全措施来弥补这个重要声音警告系统的缺失，比如增加提醒机动车驾驶员留意火车的标志。当然，如果铁轨上出现动物、车辆或人，那么鸣笛警告仍不可或缺。禁鸣区的存在还是在一定程度上让铁路附近居民的生活和工作更加安宁。

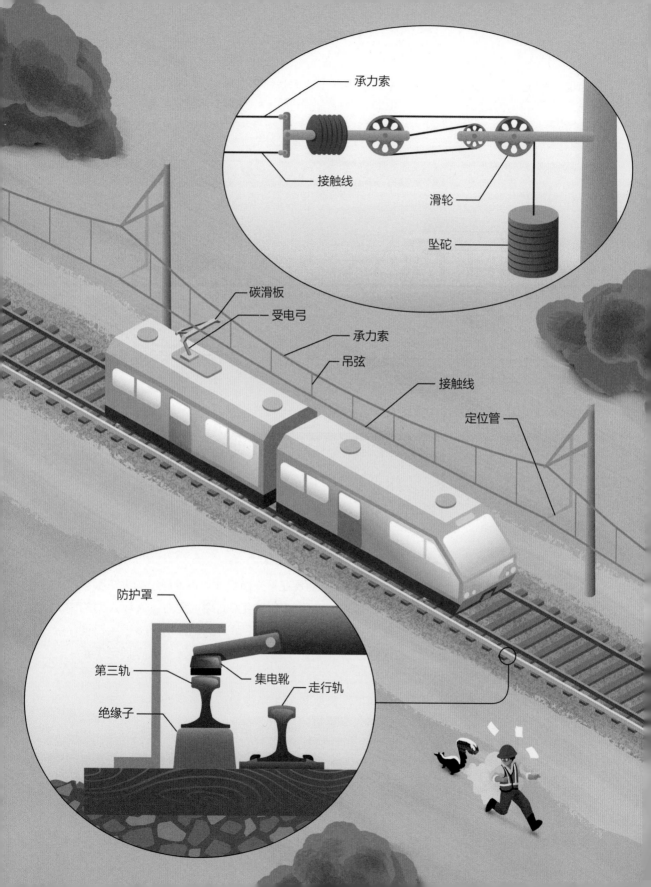

承力索

接触线

滑轮

坠砣

碳滑板

受电弓

承力索

吊弦

接触线

定位管

防护罩

第三轨

集电靴

绝缘子

走行轨

电气化铁路

几乎所有现代火车都靠电力运行。即使是货运机车上的大型柴油机，也要被连接到一台为**牵引电动机**供电的发电机上，从而通过电力来驱动火车。牵引电动机规避了发动机直接驱动车轮所需的庞大而复杂的传动系统。考虑到电力输送相对简单且可以长距离输送，人们会不禁想到为什么我们还需要车载的发电机。的确，许多铁路都实现了电气化改造，可以直接为火车提供牵引所需的电力。

铁路电气化有许多优点。首先，电力火车不必承载庞大的发动机及其所需的大量燃料，所以与柴油动力火车相比，电力火车通常更快、更高效。其次，电力火车没了发动机就不用排气，空气质量可以得到改善，这一特点对于通过隧道或地下系统运行的列车尤其重要，否则发动机的废气可能会积攒到危险水平。所以，几乎所有轨道交通系统都使用电气化铁路。最后，电力火车在制动时还可以发电，与用制动器将动能转换成废热不同，电动机可以作为发电机工作，将动能转换为其他火车可以使用的电力。在轨道交通系统中，列车减速很快，可再生能量通过再生制动技术间歇地产生，对其他火车的用处有限。但是，在有许多山丘的地区，这种能量可大有裨益。在理想情况下，火车爬坡时所用的大部分能量都可以在下坡时返回系统，供其他火车使用。

世界各地有众多电气化铁路标准，其中很多沿用了上百年都未曾改变。大部分标准规定电气化铁路使用直流电，因为只需要使用驾驶室内的简单设备就能轻易改变直流电机的速度。但是，低压直流电在导线中远距离传输会产生较多的损耗，因此大多数直流电气化铁路都需要沿线规律布置变电站，将电网的电力转换为直流电来使用。交流电可以在更高的电压下传输，并在火车内实现降压，但是它很危险，机车需要装备额外的设备才能将交流电转换为直流电。

将电力输送到移动的火车上，所需的基础设施可以说相当复杂，这也是长距离和运量较低的铁路很少实现电气化的关键原因。向火车输送电力主要有两种方法：**第三轨**供电或接触网供电。第三轨系统使用一个与**走行轨**并行的通电导体进行供电，供电轨置于**绝缘子**之上，与地面隔离。火车配备了**集电靴**，可以通过沿第三轨滑动来获取牵引电力。这是一种简单有效的系统，但会给铁路附近的人或动物带来触电危险。为了安全，需要严格管理第三轨供电，包括设置栅栏和警告标志等。许多第三轨还装有**防护罩**，以最大限度地减少人员触电受伤的可能性，并减轻雨、雪和表面结冰的影响。

　　另一种向火车供电的方法是用架空的接触网。架空的线路更安全，正因如此，大多数高压系统都被安装在轨道上方。在这种架构中，集电设备被安装在火车顶部，有几种不同的供电型式，大多数现代火车使用**受电弓**。受电弓使用弹性的支撑悬臂，让可更换的**碳滑板**与**接触线**保持良好接触。这个方法虽然很简单，但是实践起来却很复杂。只要观察一下标准的架空电力线路或其他公共事业线路，你就会发现问题。电缆在跨中位置会自然下垂，线路支柱之间存在巨大高度变化，在这种情况下，让高速行驶的火车与电缆时刻保持接触是非常困难的。因此，架空铁路供电系统使用了两根线来确保电力被可靠地传输给火车。顶部的线被称为**承力索**，可以提供支撑作用。由于它在两根支柱之间形成的曲线类似链形，所以也叫作**悬链线**（或链式悬挂接触网）。连接在**承力索**上的垂直线被称为**吊弦**，吊弦拉起下方的**接触线**，使接触线维持在均一的高度，从而保证受电弓与之良好接触。

　　两线系统可以确保接触线保持在轨道上方同一高度，使受电弓能够沿其高速滑动。两根电缆都通电以传导牵引电流，并且其两侧通常会通过**滑轮**来悬挂**坠砣**，使电缆始终维持张力。张力消除了电缆松弛，也减少了电缆随温度发生胀缩而产生的下垂。张力还增加了振动波沿线传播的速度，使电缆振动幅度变小、频率变高（就像吉他的琴弦一样），以减小接触线弹跳的幅度。毕竟每次弹跳都会导致接触线和受电弓分离，从而可能会产生有危害的电弧。接触线在**定位管**的约束下，在水平面上呈之字形前进，从而避免了受电弓的碳滑板总是摩擦同一个点，最终实现均匀磨损。

　　电路都需要回路，因此电气化铁路需要用另一个导体来实现闭环。在大多数电气化铁路中，回流电流通过车轮滚过的钢制走行轨返回。由于与地面直接连接，钢轨上的电压保持足够低的水平，不会对人和动物造成危险。然而，回流电流也带来了一些工程挑战。比如，轨道通常是信号电路通过的地方，如果轨道同时需要传导回流电流，那么较小的轨道信号电流就会被覆盖。所以电气化铁路通常使用交流电路来控制信号，通过带滤波器的继电器来检测特定的频率，从而排除轨道中的直流牵引电流的干扰。

　　使用与地面接触的轨道作为回路的一个主要问题是漏电。电流可能会意外进入轨道附近的管道、隧道衬砌、公用管线或其他金属结构，如果不采取保护措施，漏电会导致这些结构快速腐蚀。一些铁路使用第四轨或额外的架空导线作为回路，这样能避免漏电进入附近的金属导体。

注意看

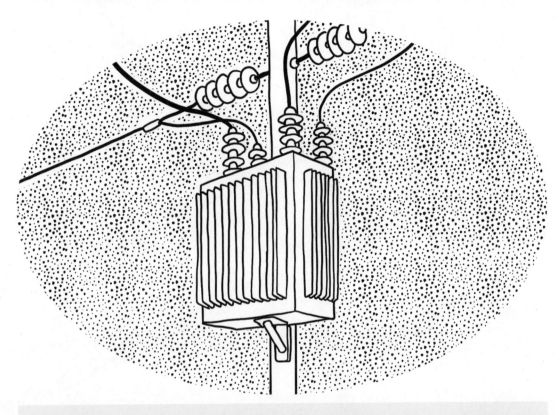

　　除漏电外，架空导线还会和轨道回路的交流系统形成大的闭环。这种环会产生电磁场，进而产生电气噪声和电压，干扰与轨道平行的通信线路的信号和电压，以及通信线路携带的信号灯信息。谁也不想看到绿灯因为电气噪声而变成红灯！因此，人们通常在铁路线路上等距安装增压变压器，迫使电流回流进入架空线，从而减小闭环的尺寸，消除大部分潜在的干扰。

6

大坝、堤防及海岸结构

简介

　　像呼吸依赖空气一样，人们的生活围绕水来展开。一方面，水不仅是人类生存的必需品，还是船只搭载乘客和运输货物的动力来源；不仅是娱乐活动的绝佳载体，还是众多水生动植物的栖息环境。另一方面，水又极具破坏性，由水引发的洪灾会造成社会财产损失、危害公共安全、侵蚀河道及海岸线。鉴于水对人类生存的必要性与威胁性同时存在，与水相关的基础设施大多都致力于控制和管理水源。

　　世界上许多庞大且复杂的项目都是为了保护或利用地球上储量庞大的水资源而设计和建造的。我们通过建造巨大的水坝来形成储存淡水的水库，并且打造庞大的海上航运网络，建造遍布世界各地的巨大的防洪和海岸防护设施。有些项目甚至引起了巨大的关注，激发了公众的兴趣，人们可以在安全的游客中心对项目进行观察，而且有机会了解到相关的建设背景及技术细节。下次你在经过大坝、港口、船闸或防洪堤时，可以在游客中心停下来参观一下，顺便合影留作纪念！

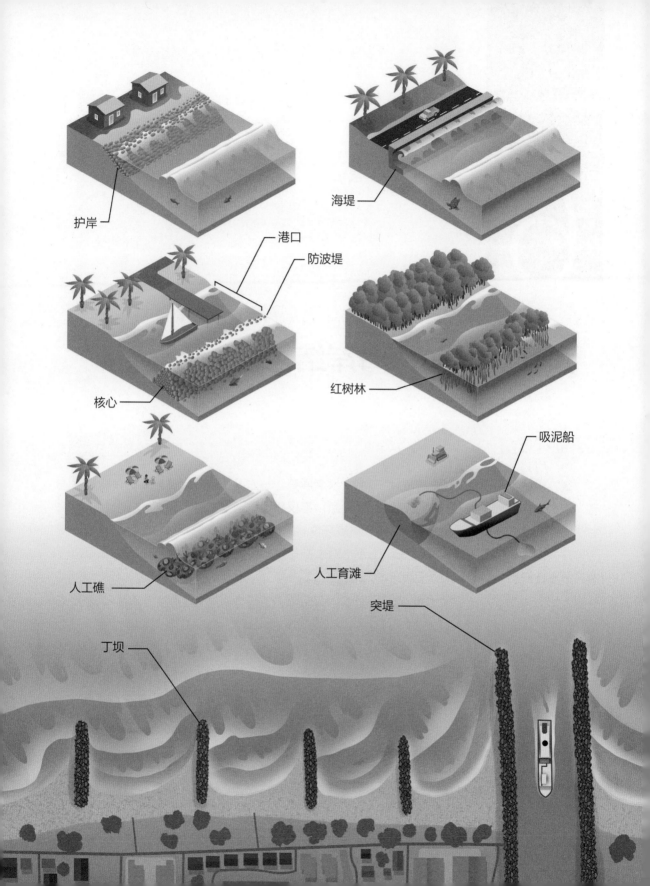

护岸

海堤

港口

防波堤

核心

红树林

吸泥船

人工礁

人工育滩

突堤

丁坝

海岸防护结构

海岸线看似在地图上静止不变，但实际上是地球上最活跃之处。海岸线会受到一系列自然破坏力的影响，包括风、波浪、潮汐、洋流和风暴等。与此同时，相关海域的疏浚、航道及海岸线构筑物的建设，以及在泥沙到达海岸线之前建造上游水库进行拦截等人类活动，同样会对海岸线产生影响。因此，海岸线会随着时间的推移而不断发生变化。构成海岸线的土壤和岩石处于不断变动的状态，在一个位置不停地被侵蚀，转而在另一个位置沉积下来。

海岸线对人类而言意义重大，不仅仅是因为海边美丽的日出日落。许多大城市都坐落在海边，享受着渔业和航运带来的资源和机会。此外，海滩经济的重要性也不容忽视，滨海旅游在全球范围内提供了数百万个工作岗位，带动了数十亿美元的经济活动。海岸线的侵蚀对基础设施、开发区域和航道构成了持续的威胁，还对沿海建筑物及大多数沿海人口的生计构成了严重威胁。大多数海岸工程的重点在于保护我们赖以生存的海岸线，使其免受冲击，不随时间发生巨大变化或消失。

护岸是最基本的海岸线支护结构之一，即在自然状态的斜坡上覆盖的一层刚性保护层。护岸材料通常采用大块石或混凝土块，这些材料能够抵御海浪和潮汐流带来的持续冲击力，同时可以吸收海浪的能量，缩短其沿斜坡爬升的距离。与护岸类似，海堤是一种与海岸线平行的纵向支护结构，可以将被保护区域与受潮汐入侵的海滩分隔开来，从而使海岸线免受侵蚀。**海堤**通常采用钢筋混凝土材料，迎海侧采用的反弧形设计可以使冲击的海浪回卷，以消减海浪压力，同时减少越堤水量。堤顶高度通常高于最高潮位，以抵御海浪爬高和风暴潮。典型的海堤将上方被保护的区域与下方的海滩地带分隔开来。

防波堤是另一种保护海岸线免受海浪侵蚀的纵向支护结构。与护岸和海堤不同，防波堤不与海岸线连接，相反，它建造在近海，以消减靠近海岸线的海浪能量，为船只和建筑物创造平静的水域——**港口**。防波堤可以由多种材料建造，最常用的是碎石堆。其中较小的石头用于建造防波堤**核心**，石头间的结构空隙用于消散波能；较大的石头构成保护核心免受波浪冲击的保护层。

另一种海岸线支护结构叫作**丁坝**，丁坝可以与海岸线正交或斜交伸入海中，起到对抗沿岸沉积物流的作用，即控制泥沙淤积等沉积物沿着海岸线平行移动的过程、减缓海岸线受侵蚀。像防波堤一样，丁坝通常由成堆的岩块或碎石筑成。随着时间的推移，丁坝外挑部分会拦截洋流中悬浮的泥沙，从而形成淤积（这个过程被称为落淤）。结构及长度合理的丁坝可减缓近岸洋流的速度并消解其能量，保护洋流下游区域。但是，若丁坝规模过大，则会过度拦截洋流中的沉积物，使得未受保护的海岸线在没有泥沙补充的情况下加速被侵蚀。因此，在一处丁坝建造完成后，人们通常还需要建造更多的丁坝来保护下游区域，最终形成延伸很长距离的锯齿状海岸线。

与丁坝类似，**突堤**也是垂直于海岸线的支护结构。它们通常成对建设，将航道入口延伸至大海，以确保航道免受侵蚀。突堤不仅可以阻挡沉积物进入航道，还可以在潮汐变化时减轻海水涨落的影响，加快航道底部泥沙的流动，最大限度地减少淤积。

从长期来看，这些支护结构虽然可以解决海浪的侵蚀，但也会带来意想不到的后果。例如，海堤迎海侧光滑的混凝土面会反推波浪，而不是吸收海浪的推力。这种现象可能会改变海洋的局部动力，加剧远处海岸线的侵蚀。海岸工程的建设也会对海洋生物栖息地产生影响，带来环境问题。

在可行的情况下，海岸工程师会寻求更加温和的方案来解决海浪侵蚀的问题。其中一项就是在海岸线的潮汐带之间种植或养护适宜生长的树木和灌木。这些植物被称为**红树林**，自成一个生态系统，其密集的根系可形成能够吸收海浪能量的网状结构，以保护海岸线更深层的土壤。

另一项温和的海岸线侵蚀防治方案是建造**人工礁**，为鱼类、珊瑚和其他海洋生物提供适宜的栖息地。很多材料被用来建造人工礁，包括岩石、混凝土、沉船甚至废弃的地铁车厢等。这些人工礁不仅可以为海洋生物提供附着或藏身的场所，还可以削弱近海波浪的能量，充当水下防波堤。

还有一项温和的解决方案是通过补偿已流失的物质来逆转侵蚀的过程，这种方案通常被称为**人工育滩**（也被称为填沙护滩）。海滩不仅是重要的娱乐空间和经济驱动要素，还是开发区与海洋之间的缓冲区。海滩可以在风暴和海浪抵达内陆之前削弱其能量，与此同时沙子会被卷入更深的海域，因此，对海滩流失的沙子予以补充可以保护海岸系统、创造娱乐空间。人工育滩时，需要将海底深处一定颗粒度的沙石用**吸泥船**吸出，并使其混合海水成为**泥浆**，再通过管道泵将泥浆送回岸边。混合后的泥浆被排放至岸边巨大的沉淀池中，等沙子沉淀完成后将水排出，之后用土方机械将沙子铺设至遭受侵蚀的海滩上。人工育滩会对生态环境产生影响，并非长久之计，但它目前是人们在抵御海岸线侵蚀灾害时普遍采用的一种方案。

然而，有时保护海岸线并使其免受破坏的最为经济的方案是不开发海岸线。这种决策通常被称为退让规划：转让、报废现有的影响海岸线生态环境的工程，或将建筑物和基础设施搬迁到远离海岸的地方。在某些情况下，最好的修复工程就是让大自然做它最擅长的事情：给它一些时间，让海岸线恢复生机和活力，而这正是海洋吸引人类的首要原因。

注意看

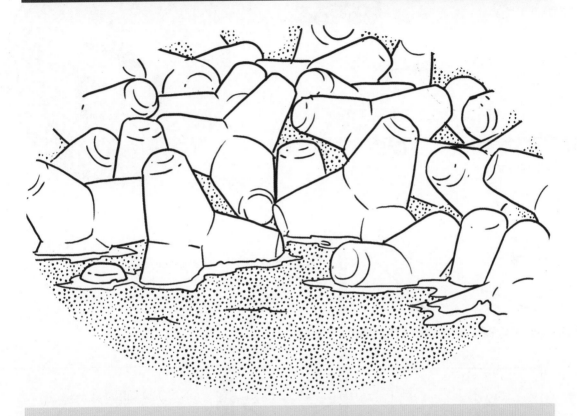

　　块石是一种性价比较高的防护材料，可以使海岸线免受海水、风和海浪的破坏。然而，并非每处海岸线附近都有与护岸工程规模相配套的采石场。另一种建造护岸和防波堤的可选材料是预制混凝土块，通常被称为消波块、防护块、护面块体。这些独特的构件拥有特定的几何形状，能够互相嵌合为整体，以抵御强大的水流冲击力。消波块类型多样。与笨重的天然块石相比，同类型消波块的形状、大小和重量一致，便于摆放和运输。混凝土的预制可以在项目所在地附近进行，以降低运输成本（尤其是相较于附近无采石场的项目）。

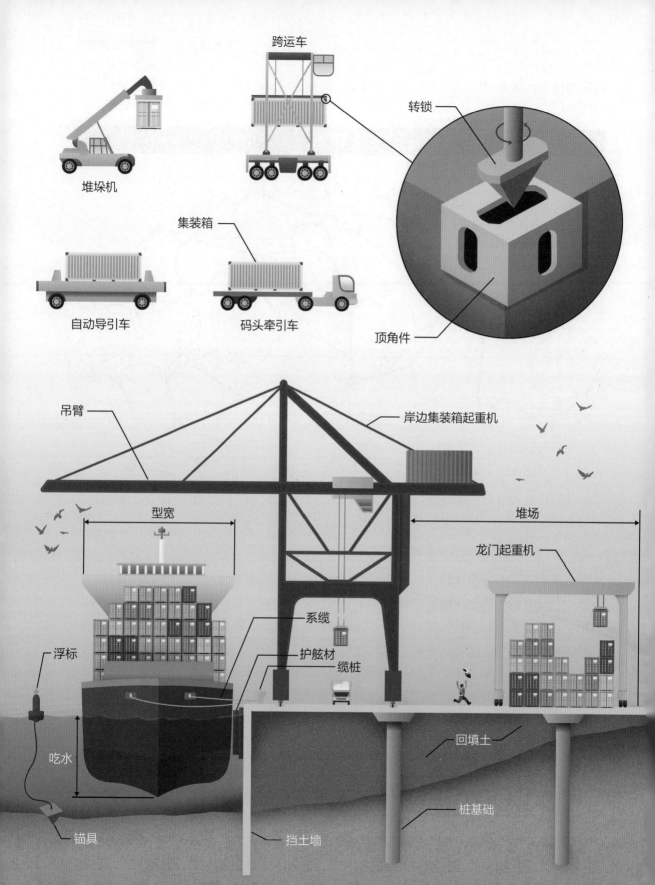

堆垛机

跨运车

集装箱

自动导引车

码头牵引车

转锁

顶角件

吊臂

岸边集装箱起重机

型宽

堆场

龙门起重机

系缆

护舷材

缆桩

浮标

吃水

回填土

桩基础

锚具

挡土墙

港口

海运是现代生活必不可少的一部分，虽然海运速度较慢，人们也不再像以前那样经常乘船长途旅行，但海上货运仍然有着重要地位。我们每天仍然使用船舶在世界各地大规模运输货物，维系着从各种原材料到成品的复杂供应链。海运屹立不倒是因为船舶运输货物的效率非常高，一旦船漂浮在海面上，即使承载再庞大的货物，它也可以轻松地移动。在距离相同的情况下，利用船舶运输一吨货物所需的能源仅为火车运输的一半、卡车运输的五分之一。除此之外，船舶运输还是在不相连接的大陆之间运输货物的主要方式。

港口是连接海上运输和陆地运输的枢纽。人们总是简单地认为港口仅是停靠船只的地方，但其实现代海事设施的功能非常复杂。以港口为例，它不仅存在于沿海城市，也存在于河流和内陆运河通过的沿岸城市，通常由多个码头组成，人员的登船和离船（如客轮）或货物的装卸都在此完成。每个码头都是为了快速高效地装卸特定类型的货物而被设计的：谷物、矿石等散装货物由**散装船**配套大型输送机或斗轮起重机来装卸；**油轮**用于运输石油等液体货物，液体货物通过巨大的管道充装和抽出；大多数运输包装货物的货船都采用**集装箱**移送货物，人们使用起重机即可在火车、卡车和其他船只之间轻松转移这种标准化的钢制箱体。

集装箱码头几乎是商业航运港口中最显眼的组成部分之一，这里有体型庞大的起重机，堆在一起的五颜六色的集装箱。巨大的**岸边集装箱起重机**通常被放置在铁轨上，以便横跨货船全长装卸集装箱，装卸效率可达每两分钟完成一次。

有时，集装箱需要在不同的运输工具（主要是卡车、火车或其他船只）之间转移，但在转移之前，这些集装箱必须被存放在**堆场**内。由此便引发了一个难题，那就是在每堆集装箱中，只有顶部的箱体可以被移动，想要移动底部的箱体则需要移除上部所有集装箱。针对这一难题，可使用计算机管理系统优化集装箱的摆放顺序，以减少将其运送到目的地所需的移动次数。

码头上用于操纵和移动集装箱的交通工具种类繁多，现代港口对这些交通工具的利用和控制越来越自动化。**码头牵引车**（又被称为港口拖车）是在堆场内运送集装箱的小型半挂牵引车。**自动导引车**有相似的功能，可替代人工完成搬运工作，只是没有驾驶员。集装箱**堆垛机和跨运车**可以运送和提起每堆集装箱中顶部的集装箱，**龙门起重机**可以在堆叠的集装箱上方进行操作。这些设备都使用专用的集装箱吊具而不是普通的吊钩来提起集装箱。每个集装箱四角都配有**加强顶角件**，四个**转锁**可以卡入对应顶角件的椭圆形孔内，只需要将转锁旋转90°，即可将吊具与集装箱牢固连接。旋转锁扣装置设计得简单、巧妙，被安装在甲板、卡车、火车上或者两堆集装箱之间，每天负责将数百万个庞大的钢制集装箱锁定到位。

尽管各个国家和地区使用的海事术语各不相同，但港口边缘的结构通常都可以被称作**码头**或**埠头**。码头可以布设一个或多个泊位，供船只停靠。每个泊位包括几根大型**缆桩**，船的**系缆**被系在这些缆桩上，船上的**绞盘**将系缆拉紧，以最大限度地减少货物在装卸过程中的移动。此外，每个泊位的**护舷材**都可以作为缓冲垫，以使码头和船体免受损坏。传统的护舷材采用旧轮胎，现代港口使用针对船只类型和型号专门设计的缓冲装置。

港口设计中需要考虑的关键因素之一是可容纳的最大船只。港口容纳更大的船只意味着，虽然各类设备的建造和维护成本更高，但可以带来更大的运输流量和更高的经济收入，因此，设计港口时需要在成本和收入之间谨慎地权衡。设计船型的船长决定每个泊位的长度和整个港口的规模，船的**型宽**决定岸边集装箱起重机装卸**吊臂**的尺寸，船舶**吃水**决定港口最小水深。其中，最小水深是通过用疏浚机或管道为航道底部清淤来维持的。船舶设计人员会在满足运河、船闸和港口的进港要求的前提下，将船只设计得尽可能大。事实上，许多船只是以它们刚好能够通过的地名来命名的，例如，苏伊士型油轮是能够通过苏伊士运河的最大船只。

码头的结构必须坚固，能够承受日复一日的风浪、潮汐、水流及船舶系缆带来的极限应力。此外，码头必须足够高，以允许巨大的船只能直接泊靠。许多码头都建造在**回填土**上，建造时土壤被运送到现场并碾压紧实，以作为码头坚实的基础。**挡土墙**可以侧向加固回填土，同时给船只创造停靠的条件。当码头现场的地质条件不足以支撑多种设备和货物的重量时，可以采用**桩基础**来强化码头的支撑，即将钢或混凝土构件垂直钻入或打入地层深处，防止码头随时间推移而移动或沉降。

航道上有多种导航设施可以帮助船员安全驾驶船只。一种叫作**浮标**的浮漂装置被用于划定可供通行的航道和危险区域，像路标一样使用标准化的颜色和符号来传达规则与信息。浮标通常被链条和锚具固定在适当的位置。链条有足够的松弛度来缓和海浪、风和水流的冲击，以及适应潮汐引起的水位变化。**锚具**是一个重型物体，也被称为沉子，可以钻入或打入地层中。

注意看

　　古往今来，超载船只在巨浪中沉没的事件时有发生。在相关规定发布之前，船长在船只承载范围内尽可能多地携带货物，常常因为高估了船只的承载能力而导致货物沉没甚至船员丧生。随着时间的推移，保险公司和国际航运界出台了每艘船须标明法定装载限额的规定，即绘制载重线。载重线一般是围绕船身一圈的水平线，如果船只超载，载重线将会被淹没在水面以下。因英国一位名为普利姆索尔的政治家积极推动了这一标记的使用，所以载重线通常也被称为普利姆索尔线（Plimsoll line）。在不同水温、不同区域（咸水、淡水水域）中，船只的浮力不同，因此，大部分现代船只都以一系列标记作为不同航行条件下的载重线。

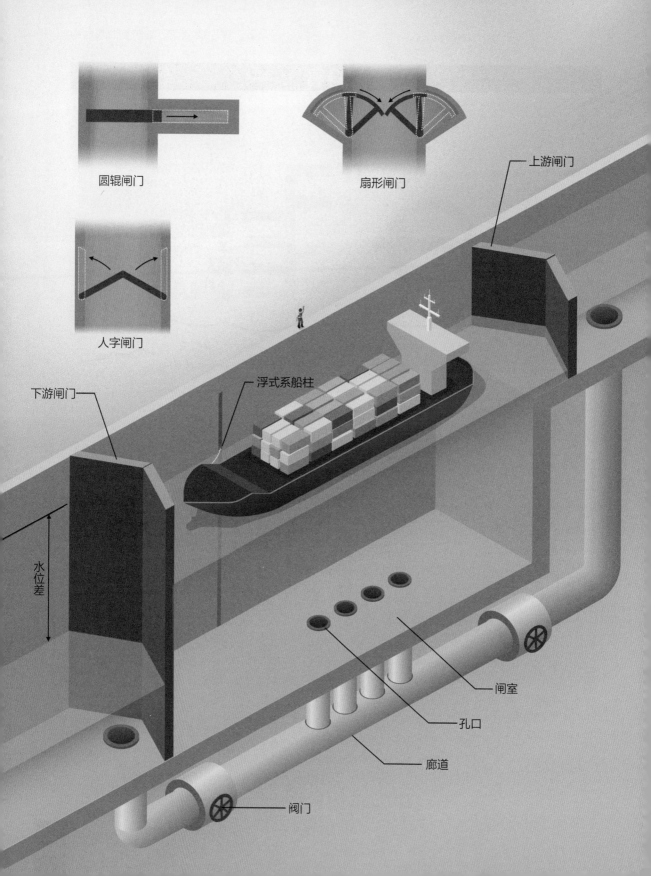

圆辊闸门

扇形闸门

人字闸门

上游闸门

下游闸门

浮式系船柱

水位差

闸室

孔口

廊道

阀门

船闸

水路运输有局限性，并非每个地方都可以乘船到达。我们建造的水路或运河在一定程度上克服了这一局限性。早期的历史书中就有对运河和船只的描述，甚至在数千年前，人类就试图通过船只进入难以到达的地方。然而，水路运输还有一个更难克服的局限：水往低处流，与公路或铁路不同，我们无法在一个陡坡上设计让船只上下通行的水道。

理想的运河应全程保持在同一水平面上，但在地形起伏的山区，只通过大量开挖来创造同一水平高程几乎是不可能的。相比于通过开挖峡谷来让运河保持同一高度，我们可以通过船闸使船只上下移动至不同的高程，就像上下楼梯一样。

船闸由不透水的**闸室**组成，两端设有闸门。船闸的工作原理非常简单：向上行驶的船只进入几乎无水的闸室，这时关闭**下游闸门**，然后用上游的水充满闸室，使船只上浮。一旦船闸内的水位到达运河上游水位，**上游闸门**就可以打开，船只可以继续前行。下行船只的步骤相同，但方向相反：船只进入充满水的闸室，上游闸门关闭，水向下游排出，一旦船闸内的水位与运河下游水位平齐，下游闸门就可以打开，船只可以继续前行。这是一个双向的升降系统，采用了最简单的原理，除了水本身，几乎不需要额外的能源就能够运行。

河流上的船闸可以与拦河坝结合，在需要的时候充水或排水。大多数容纳大型船只的现代船闸都采用钢筋混凝土来建成边墙和底板，此时船闸如同一个巨大的浴缸。船闸入口采用顺直、无逆流的设计，以便船只可以顺利进入闸室。适用于游船的小型船闸系统甚至可以由船只工作人员自行操作，但是繁忙航道上的大型船闸系统会配备专业操作人员 24 小时在岗，对船只进行升降。

闸室上下游的闸门可谓整个船闸系统中最重要的部分。大多数的闸门采用**人字闸门**，由两扇门叶组成，像巨大的合页门一样朝中心关闭。门页并不能闭合成一条直线，而是以一定的角度指向上游，利用上游侧的水压力压紧闸门，使船闸在运行过程中保持密闭且不漏水。在一些地方，特别是受潮汐影响的地方，运河下游水位可能会比上游还高。在这种情况下，人字闸门将很难工作，此时可采用能承受双向水压力的**扇形闸门**替代人字闸门。扇形闸门像一片比萨，其支臂的支承铰位于圆心，启闭时闸门绕支承铰转动。一些现代船闸也采用滚动启闭的闸门（圆辊闸门）替代用支承铰启闭的扇形闸门。**圆辊闸门**的优势在于，闸门可以滑入导槽，工作人员可以在抽干导槽中的水后直接对其进行维护和修理（而不需要完全拆除每扇闸门）。

在所有船闸结构中，下游闸门才是真正的主力，因为上游闸门的高度满足闸室在注满水时船只能够通过即可，下游闸门则必须阻挡闸室顶部到底部所有的水。水压力随深度的增加而大幅增加，因此，**水位差**显著的船闸，下游闸门需要承受极大的水压力。因此，当船闸需要跨越较大的落差时，多个小型船闸串联（也被称为**多级船闸**）通常会比单个大型船闸更有用。

　　闸室的充水和排水管道是船闸工程中另一个重要的部分。许多船闸是水运交通枢纽点，操作人员都期望可以缩短船只通过船闸的时间。想象一下，你每天为一个供人游泳的巨大泳池充水、排水 30 次甚至更多次，同时还不能直接打开上游闸门让水流进来。这是因为闸门内外的水位差太大，产生了巨大的水压力，在这种压力下，操作人员几乎不可能直接将闸门打开。更重要的是，如果直接打开闸门，那么大量涌入或排出的水会产生紊乱的水流，进而影响通行船只的安全。因此，大多数船闸都采用单独的管道系统为船闸充水和排水。最简单的方式是在每扇闸门上开一个小的可供启闭的**孔口**，通过这个孔口充水和排水。大型船闸则通过**廊道**将水引入闸室侧面或底部，操作人员可通过两个**阀门**控制流量，打开上游侧的阀门可以充水，打开下游侧的阀门可以排水。这些**孔口**经过精心设计，在保证闸室内不会产生危及船只安全或使其倾覆的湍流、紊流或涌浪的前提下，尽可能多地过流。

　　即使配备精心设计的充水或排水系统，闸室内也可能存在紊流，因此，船只需要停泊到位，避免与闸门或墙壁碰撞。但是，系泊缆绳不能被系在闸室的顶部。因为船闸运行后，上行船只顶部的缆绳会变得松松垮垮；而下行船只顶部的缆绳却有可能会将船只直接拉出水面！在小型船闸系统中，驾驶员需要根据水位的上升或下降收放绳索；在大型船闸系统中，**浮式系船柱**可以随船只的上升或下降而垂直滑动，让船只保持在合适的位置。

注意看

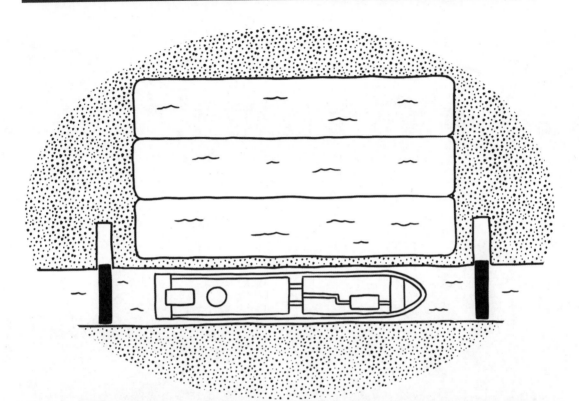

尽管船只能够双向过闸，但水只能单向流动。每一次船闸操作都会让下游损失一个闸室的水量。运河的水量并非取之不尽、用之不竭的，日复一日地操作船闸意味着运河每天都要损失数百万升水。有些船闸会采用节水池，以减少船只过闸时的水量损失。当船只下降至需要放水时，闸室中的水会被排入旁边的节水池，而不是被直接排入下游；当船只上升至需要充水时，操作人员会优先使用节水池里的水给闸室注水，尽可能地抬高水位，不足的部分再由上游进行补给，以达到节水的效果。

如果不配备大型的水泵，那么船闸的节水能力便会受到重力的限制。为了使水能够依靠重力流入和流出，节水池必须位于闸室顶部和底部之间的某个高程处，这意味着最多只有约三分之一的水量能被回收。然而，增加水池的大小和数量也可以增加节水量。例如，巴拿马运河上新建的船闸都配备了 3 个节水池，额外的补水量仅为需水量的 40%，即节水率达到 60%。

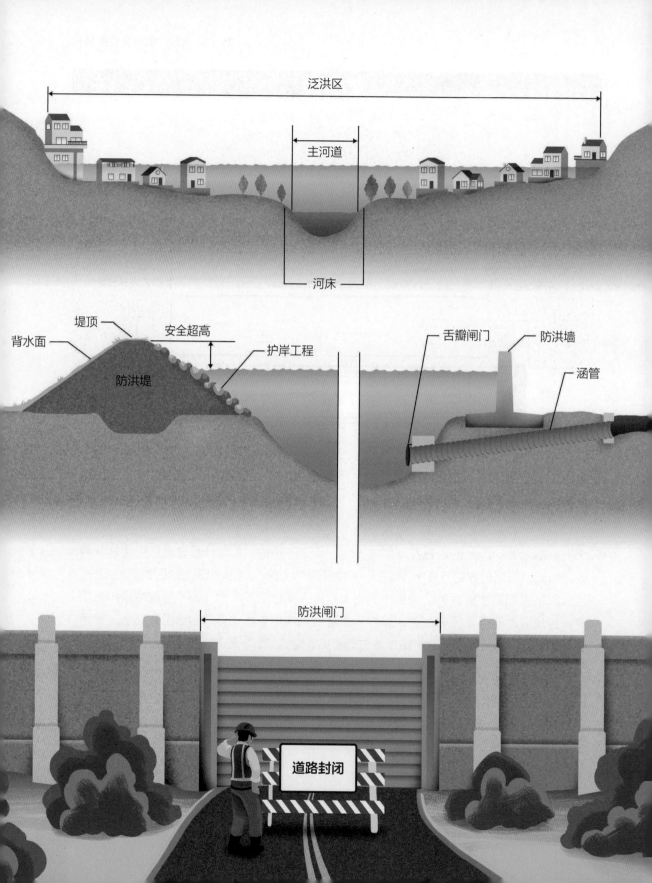

泛洪区

主河道

河床

堤顶
背水面
安全超高
护岸工程
防洪堤

舌瓣闸门
防洪墙
涵管

防洪闸门

道路封闭

防洪堤和防洪墙

洪水会对人类聚居的区域产生巨大影响，摧毁房屋，造成人员伤亡和财产损失，使当地的经济陷入停滞。如果亲身经历过洪水，你就会体会到人类面对自然灾害时的无力感。人类虽然无法改变降水量，但雨水落到地面以后，采用相应的治理办法还是可以减少洪水对生命和财产的威胁。

从河流中涌出的洪水尤其难以管理，因为洪水期河流流量变化的影响是非线性的。在常规流量流经**主河道**时，水位上升只会使淹没范围略微扩大，深切的**河床**可以容纳这些水流。河道两岸阶地以上的地形通常平坦而开阔，适合农田开垦与城镇发展。当非常规流量来临，洪水漫过两岸阶地时，即使水位略微上升，也会造成大面积的淹没。江河两岸易受洪水淹没的区域通常被称为**泛洪区**，解决泛洪区洪水问题最有效的方法是增加堤防的高度，将洪水限制在开发区域之外。

加高堤防最常见的方法是收集附近的土方并将其填筑到河堤上，筑成的结构被称为**防洪堤**或**防洪坝**（简称堤防）。几个世纪以来，它们一直被用于引导和拦蓄水流，沿海地区也采用防洪堤来抵御风暴。尽管看起来理念非常简单，但现代的防洪堤已经采用了更先进的工程设计来帮助低洼的地区抵御洪水侵袭。在面对湍急的水流时，土方毕竟不是高强度的建筑材料，所以工程师会根据填筑土壤的特性设计防洪堤的坡度和压实系数。

洪水期间，湍急的水流会造成岸坡侵蚀并损坏防洪堤。防洪堤的**背水面**常采用植草的方法来护坡，因为植物的根系可以抵御雨水的侵蚀。长期遭遇洪水或巨浪影响的迎水面，则会采用大块石或混凝土护面进行额外保护，这类措施被称为**护岸工程**。土质防洪堤的主体强度会随着时间的推移而降低，因此防洪堤的保养和维护至关重要。防洪堤上不能种植树木或木本植物，因为这些植物在洪水期间可能会被推倒或连根拔起。人们还必须防止穴居动物在堤身中凿洞筑巢，因为洞道会使水渗透进入主体结构，进而导致溃堤。

尽管防洪堤相对便宜且建设简单，但梯形的断面形状使得它占地面积较大。一种投资更高但是占地面积较小的替代方案是建造**防洪墙**。这些挡墙通常采用钢筋混凝土材料筑成，与防洪堤的功能相同，即抬高河堤，将水流限制在河道范围内。防洪墙长期不易受侵蚀，因为它们由比压实的土壤更耐用的材料筑成。

确定防洪堤或防洪墙的高度很关键。洪水的规模是无法预估的，有时可能远超人们的想象，这就意味着防洪基础设施的建设需要在成本和保护对象之间取得平衡。在美国，许多防洪堤和防洪墙都是为了抵御"百年一遇的洪水"而设计的[1]。这个令人困惑的术语对应的是一个简单的概念。我们可以收集全球范围内任意一个地方的历史降雨记录，从而推算出暴雨强度与暴雨发生概率之间的关系曲线。"百年一遇的洪水"是这条曲线上的一个参考点：某一地点在任意一年内发生"百年一遇的洪水"或更大规模洪水的理论概率为 1%。尽管"百年一遇的洪水"似乎暗示这样的洪水每 100 年仅发生 1 次，但实则 1 年 1% 的重现率相当于 30 年内的发生概率接近 26%。超过 50 年，洪水发生的概率接近 40%，几乎接近抛 1 枚硬币时正面或反面朝上的概率。

虽然按百年一遇洪水的标准设计并不能保证基础设施在一百年内万无一失，但能在绝大多数时间里抵御洪水的侵蚀。为了确定**防洪堤**或防洪墙的堤顶高度，工程师们采用将历史洪水记录和水力模型相结合的方法来估算百年一遇洪水的水位，并在此基础上增加一点额外的高度——**安全超高**，以涵盖一些不确定性，以及防止堤顶越浪[2]。

采用防洪堤和防洪墙并不总是能将受洪水威胁的区域完全隔离。例如，公路和铁路需要通过受保护的区域，在没有足够的空间和资金的情况下，遇到防洪堤或防洪墙就修建斜坡或桥梁的做法并不现实。所以，防洪堤或防洪墙上有时会预留一个通道（缺口），即**防洪闸门**，以便公路和铁路穿过。每个过车通道处的钢闸门都需要在洪水来临之前关闭，以形成封闭的防洪体系。所以，这种措施只适用于主要河流沿线区域，以及洪水抵达比较缓慢的区域，这样人们才有充足的时间和设施来发出预警并关闭闸门。一个开启的防洪闸门可能会抵消防洪墙和防洪堤的作用，完全破坏已有的防洪体系，因此在易受山洪影响的地区不能使用这种闸门。

此外，如果低洼地区被防洪堤围住，则堤的内侧会形成积水盆地，暴雨期间该盆地会被水填满。因此，防洪堤的设计需要让水沿一侧排出，避免洪水倒流至被保护区域。一些规模较大的工程会采用水泵排出低洼地区的水，但泵站的投资较高。使用**涵管**或涵洞穿越堤身、防洪墙或它们的基础，也可以使低洼地区的水顺势排出。这些涵管配有阀门（洪水期间需手动关闭），或配有自动防止回流的装置，即**止回阀**。**舌瓣闸门**是一种常见的止回阀，可以在河道水压力大于保护区域水压力时自动保持密闭。

---

1 世界各地的防洪标准均与城市规模相关。我国特大城市的防洪标准被设定为可应对两百年一遇的洪水，而小城镇以及乡村的防洪标准则可能较低，应对十年到二十年一遇的洪水即可。

2 堤防能不能承受越浪取决于堤防自身的特性，比如土石堤防（涵盖大部分堤防）的背水面易被侵蚀，如果越浪则可能带来溃坝的风险，因此不允许越浪。无此担忧的其他类型堤防则可以考虑允许越浪，以降低堤顶高度，节省投资。另一个节省投资的方式是在堤防顶部设计防浪墙，即一种不透水护栏，这在我国非常常见。防浪墙可以避免直接抬高堤顶高度，同样能起到防止越浪的功能。

尽管防洪堤可以保护低洼地区免受洪水侵袭，但它们也会产生新的问题。防洪堤的建设可能会缩窄河流的过水断面，在洪水期间，河流水位上涨速度和流速均比常规状态下更快，进而会加剧洪水对下游的影响。所以，即使有这些卓越的工程和措施，我们对大自然的"掌控能力"依然显得非常弱。虽然防洪基础设施建设对于已开发区域的保护而言非常重要，但是建设必须与管理相结合，并且建设需要在尊重自然的基础上合理进行。

注意看

采用沙袋堆砌防洪堤来改变水流方向是一种常见的防洪措施。关键时刻仅少量的工作人员就可以在堤顶增设沙袋，加高堤顶高度，或封闭无防护措施的构筑物（如地下车库），防止洪水入侵。每个沙袋通常只装了半袋沙，以便与相邻沙袋紧密嵌合，不留缝隙。沙袋堆底部可以设计一道小沟槽，用来固定沙袋基础，抵挡洪水的压力。沙袋堆成金字塔状，底宽约为高度的三倍。沙袋堆的迎水侧可铺设一层塑料薄膜，使其更加封闭，密不透水。

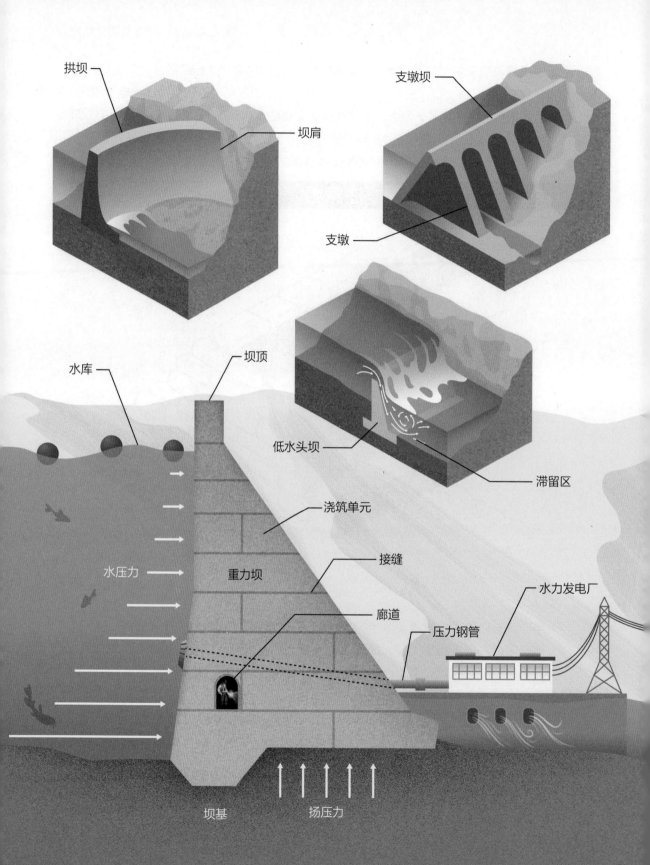

拱坝

坝肩

支墩坝

支墩

水库

坝顶

低水头坝

滞留区

浇筑单元

接缝

水压力

重力坝

廊道

水力发电厂

压力钢管

坝基

扬压力

混凝土坝

水是地球上最重要的资源之一，但水的循环存在极大的不确定性。针对丰、平、枯等不同的来水情况，如何实现持续稳定的水资源供应是一个巨大的难题。我们无法控制降水量和降水频率，但是我们可以修建存储容器，以消除每年河水流量频繁变化带来的影响。例如，在河道中选择合适的位置建设大坝和**水库**。用水库蓄水有助于削峰填谷，储存的水还可以用于农作物灌溉、城镇供水或发电。

在预见有极端降水天气的情况下，人们可以提前放空水库，留出足够的库容，使大坝能够阻挡洪水并将其缓慢下泄，从而减少对下游造成的破坏（用于泄水的溢洪道将在后续章节中介绍）。许多大型水库可以利用连续的**水坝梯级**，同时实现多个功能。有的水坝梯级可以装满水，用于供水或发电；有的水坝梯级可以排空水，以应对洪水。如果大坝主要用于发电，那么其下游通常有配备了水轮发电机等设备的**水力发电厂**。如果水力发电厂没有直接连接大坝，那么你还能看到将水输送至水轮发电机的大直径管道，即**压力钢管**。

大坝可以采用不同的材料来建造，但许多大规模和标志性的大坝枢纽都是采用混凝土来建造的（后续章节会介绍用土和石头建造的大坝）。混凝土材料耐久性好，使大坝能够承受水库中巨大的**水压力**。与许多竖向重力荷载控制的大型构筑物不同，大坝所承受的控制力是水平力，随着水库深度的增加，大坝承受的上游水压力也随之增加。同时，上游侧的水也会通过**坝基**的孔隙和裂缝渗透至下游，在坝底产生水压力，即**扬压力**。如何抵抗上述水压力是每种大坝坝型设计的关键因素。

混凝土材料很重，**重力坝**依靠自身的重量与地基产生摩擦阻力，以抵御水平方向的水压力，进而阻止大坝滑动或倾覆。重力坝通常底部很宽，坝底水压力最大。其上游面垂直，下游面设计为特定的斜坡，由下至上宽度逐渐变窄，有时**坝顶**宽度仅满足通车要求。**支墩坝**的三角形**支墩**将水压力从水库传递至坝基础，水压力依然会对大坝产生水平力，但与此同时倾斜的上游坝面会利用垂直水压力为坝体增加稳定性。支墩坝所需的混凝土较少，但需要更多的人工来打造维持稳定所需的复杂形状，因此，在现代社会修建此坝型并不经济。

与重力坝和支墩坝不同，**拱坝**是在平面上凸向上游的拱形挡水建筑物，其拱会将蓄水产生的水压力大部分传递至大坝两侧的**坝肩**上，而不是直接作用于地基。与拱桥类似（参见第 4 章），拱坝利用几何形状来跨越一个缺口。与重力坝相比，在水压力的作用下，拱坝的稳定性不需要依靠本身的重量来维持，而主要是利用拱端基岩的反作用来维持。因此，拱坝需要的混凝土较少，是一种经济性和安全性都很好的坝型。然而，因为坝肩岩体需要承担大部分指向下游的水压力，拱坝的选址需要利用较好的地质条件，所以，拱坝常建于狭窄的岩石山谷中。有些支墩坝由多个拱坝组成，每个较小的拱由支墩支撑，而非一个单拱跨越整个山谷。

混凝土坝并非一个完整的实心坝，因为混凝土在从液态转换为固态的过程中会收缩，进而可能开裂。此外，一年内温度的变化也会导致混凝土膨胀或收缩，进而导致开裂。人行道或车道上的裂缝可能无伤大雅，但如果裂缝出现在坝体上，则会产生渗漏，进而削弱并破坏坝体结构。所以，混凝土坝是由称作**浇筑单元**的较小混凝土块体建造的，块体间设计有水平和垂直**接缝**，可提供两个方向的自由膨胀度，避免坝体开裂。与大体积混凝土结构可能形成的随机裂缝不同，人工接缝可以使用嵌入式止水带和密封剂，以有效密封、防止渗漏。尽管从外部观察不到，但大多数混凝土坝都有称作**廊道**的内部隧道，用来收集渗水，并方便工程师从坝体内部监测结构的完整性。工程师在廊道内为排水设施提供了安装位置，这有助于释放大坝地基内部的水压力，减轻基底扬压力。

另一种混凝土坝是**低水头坝**，它并非用于蓄水，而是仅用于壅高河道水位。天然河道的水深会随着时间的推移发生变化，在大部分时间里河道的水深较浅。由于蓄水能力较差，低水头坝主要用于人为抬升水位，使航道更适于船舶通行，或是用于增加供水和灌溉取水口的深度，抑或是用于创造足够的高差，以驱动水轮发电机发电。低水头坝通常也被称为堰，因为水通过坝顶（而非闸门或孔口）溢流，这种溢流方式产生的紊乱水流可能会使游泳者和船员陷入巨大的危险中。

水从低水头坝顶部流过（被称为**堰流**）并灌入下游河道后，会在大坝下游形成旋转水域（即水跃）。该区域可以困住物体、碎片，甚至是人，因此有时也被称为**滞留区**。凭借水流强大的动力、大坝坚硬的混凝土表面、令人迷失方向的湍流和淹没在水中的碎片，低水头坝成为完美的"溺水机器"。许多低水头坝的建造时间较为久远，用于给磨坊或工厂的驱动设备提供水动力，安全性堪忧。许多城市已经将低水头坝拆除或改造为娱乐设施，并恢复了坝体周围的水生生态系统，以此吸引外地游客。如果你在有低水头坝的河流中游泳或划船，请不要低估这些看似人畜无害的水利设施的危险性。

注意看

　　大坝属于高风险结构，溃坝可能会给下游带来严重的洪灾，威胁人口稠密区，因此大多数大坝都通过配备全面的监测系统来保障安全性。除了工程师的定期巡检，许多大坝还布设了监测结构完整性的仪器，可监测坝体内部或基底的水压力、沉降、位移、渗水量，以及混凝土在不同时间点的温度等情况。这些设备具有足够的灵敏度，甚至可以监测大坝因日照出现的细微膨胀。许多大坝还设有永久监测墩，这些监测墩在不同时间点的位置可以通过精密的测量仪器来跟踪。来自大坝仪表的监测数据可以反映大坝可能面临的风险，提供早期预警，使工程师能够在危险情况发生前评估并制定修复方案。

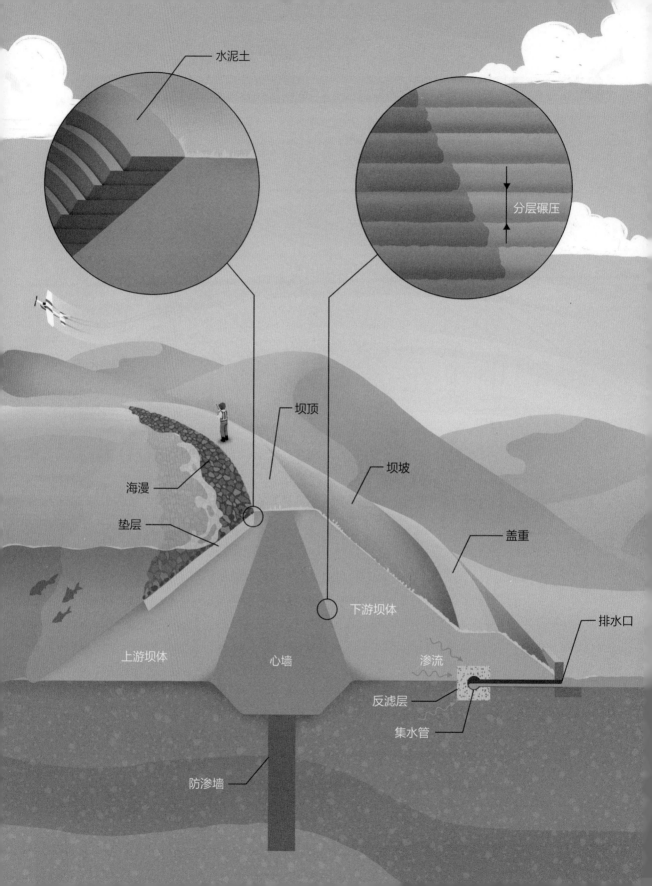

水泥土

分层碾压

坝顶

坝坡

海漫

垫层

盖重

下游坝体

排水口

上游坝体

心墙

渗流

反滤层

集水管

防渗墙

土石坝

尽管典型的大坝都是混凝土结构的，但世界上大多数大坝都是用土和石头建造的。与要求特定地质条件和建材来源（主要是水泥和骨料）的混凝土坝不同，人们几乎可以在任何区域建造**土石坝**。如果要说地球上哪两种资源最为丰富，那一定是土和石头。然而，土石坝并非无序堆放在河谷里的一堆土和石头，如何用这些原始材料构筑安全稳定的蓄水建筑物是一项复杂的工程挑战，细心的人会注意到土石坝设计中存在许多技术难题。

土石坝可以分为**土坝**和**石坝**，土坝由泥土建成，石坝由石块或碎石建成。土和石头这两种填筑材料的性能与混凝土大不相同，是由离散颗粒组成的，所以土坝和石坝自身是不稳定的。重力会试图将颗粒与颗粒分开，而唯一能将填筑材料凝聚在一起的力是颗粒之间或岩石之间的摩擦力。大型土石坝的**上游坝体**和**下游坝体**设计了缓坡，以保持**坝体**的长期稳定，同时抵抗库区水压力。坝体稳定所需的**坝坡**坡度取决于填筑材料的性质。大多数土坝底部的宽度约为高度的 3 倍；石坝的坡度可以更陡，但其底宽与坝高的比值很少低于 2:1。这意味着土坝和石坝的底部较宽，从底部至**坝顶**宽度逐渐变窄。许多土石坝的坡脚处还建设了**盖重区**——一个在大坝的一个或两个坡面底部增加的填土区域，目的是进一步增加坝体结构稳定性。

通过简单地堆放土方和石方不能建成大坝。随着时间的推移，颗粒材料会沉降和压缩，筑坝高度越高，后期的沉降和压缩就越明显。因此，如果不希望大坝在建成后沉降，那么就需要在施工过程中将填筑材料碾压密实，形成坚固、稳定的坝体结构。碾压加速了沉降过程，使大多数的沉降发生在施工期而非建成后。如果土方可以达到最大压实度[1]，那么坝体不会再随着时间的推移而下沉。现代施工设备可以一次压实约 30 厘米厚的土层，土壤分层不宜过厚，否则会出现面层密实、底部松散的情况，因此，土石坝需要自下而上缓慢填筑、**分层碾压**。

石料和大部分土料都是透水性材料，水可以通过材料间的孔隙流过（该现象被称为**渗流**）。混凝土坝可同时满足稳定性和防渗性的要求，土石坝则通常需要额外的工程措施来阻挡库区的水向下游渗漏。根据筑坝材料的特性，工程师会为大多数土坝结构建立不同的分区，坝体内部通常会设置一个垂直分区，该区采用渗透系数较低的黏土作为**心墙**以防渗。根据工程区的地质情况，找到既满足严格的抗渗要求又满足填筑方量要求的黏土是一种挑战。心墙作为土石坝中成本最高的部位，除非有特殊设计要求，否则不会尺寸过大或超过所必需的面积。土石坝**面层**的规格则相对较低，不需要考虑防水性能，满足稳定性要求即可。

---

1 一般是尽可能接近最大压实度。

石坝材料的孔隙比土坝材料更多，因此心墙或上游坡面通常使用混凝土、沥青或黏土材料建成，以使坝体防渗透。此外，尽管从外面看不到，但许多土石坝的基底都设计了**防渗墙**。防渗墙通常由混凝土或黏土泥浆灌浆而成，以阻断大坝基底的渗流通道。

波浪反复冲刷会造成土质结构的侵蚀和损害，因此，几乎所有大型土石坝的上游都会设置面板，以保护主体结构免受波浪的长期侵蚀。这种面板通常由一层较厚的石块铺设而成，被称为**海漫**。人们会在坝体和面板之间铺设一层由砂砾组成的**垫层**，防止坝体海漫下的土质材料被水流淘刷。另一种方法是使用土壤和水泥的混合物，形成一种廉价但耐用的防护材料（**水泥土**），通常按碾压分层沿坝体上游面铺设，呈阶梯状。

除上游侧的海漫措施外，土石坝下游侧也常采用草皮覆盖的方法来防止雨水的冲刷和侵蚀。下游被草皮覆盖的缓坡乍看之下似乎是自然景观的一部分，如果看不到上游侧的水库，你甚至都不会意识到那里有一座大坝。然而，异常平坦的坝顶往往会暴露水库的存在。

所有的大坝都会漏水，哪怕只有少量的渗漏。对于如此巨大的结构，追求完美的水密性通常是不经济的。相反，工程师可以通过设计排水系统来确保不让少量的渗漏引发大问题。大多数排水系统由两部分组成：**反滤层**，由从细到粗的级配砂砾层组成，可以防止渗水带出土壤颗粒；反滤层中的**集水管**，负责收集渗水并排出进入排水系统的水，可以防止产生水压力。如果你看到小型管道在大坝下游侧排水，那么此处就是大坝内部排水系统的**排水口**。

有些大坝并非建在小溪或河流上，而是建在附近的高地上。离槽水库就是通过建造环形大坝来形成完全封闭的储水水库。这种水库通常通过水泵从附近水源（通常是河流）抽水，从而完成蓄水，因为必须完全形成封闭体系，所以造价很高。但离槽水库对自然环境的破坏较小，因为它不会在河道上形成阻隔，除地质敏感区外都可以建设。

仔细看

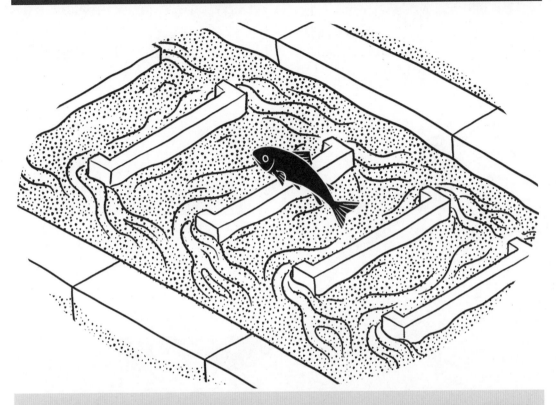

　　尽管大坝具有蓄水、防洪和提供可再生能源等功能，对人类至关重要，但其也会对自然环境造成一定的破坏。许多大坝都是在强有力的环境法规出台之前建造的，没有考虑对水生生态系统和天然径流的影响。大坝造成的最严重的环境问题之一是阻隔了洄游鱼类的天然通道。为了解决这一问题，河流中的大坝和产生阻隔效应的涉水建筑物都配备了过鱼通道（鱼梯），为鱼类提供正常洄游和繁殖的路径。鱼梯的建造参考了各种各样的设计，比如大部分鱼梯都会配备一系列水池，供鱼类跃过人工瀑布或沿跌坎逐级上溯。在巨大的垂直落差下，设计模拟自然河流形态的鱼梯是一项非常大的挑战，一般合理的布局比增加设施更为有效。不管怎样，生物学家和工程师都在致力于减少大坝对自然环境的影响。

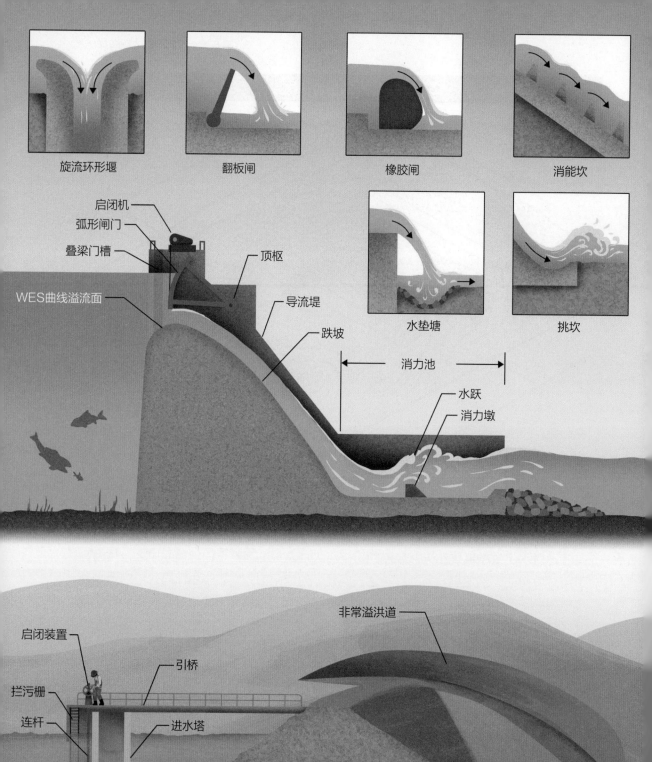

旋流环形堰

翻板闸

橡胶闸

消能坎

启闭机

弧形闸门

叠梁门槽

WES曲线溢流面

顶枢

导流堤

跌坡

消力池

水跃

消力墩

水垫塘

挑坎

非常溢洪道

启闭装置

引桥

拦污栅

连杆

进水塔

闸板

输水管道

冲击池

溢洪道和取水工程

尽管大坝是用来蓄水的，但它们也需要泄水，以在满足供水需要的同时保证不会漫水。根据用途和库容规模的不同，有多种不同结构形式的大坝可用于安全地泄水。泄水是一个动态的过程，因此溢洪道和取水工程往往是大坝中最复杂的组成部分。

尽管专业表述上可能有所不同，但**取水工程**通常指的就是从水库放水以满足下游用水需求的工程设施。某些水库的取水口连接泵站，泵站的管道将水输送至灌溉区或城镇饮用水处理厂，人们还为一些取水口配备压力管道来为水力发电厂供水。在部分取水口处，水会被排入河道，以维持下游生态用水。

取水构筑物可能被部分或完全地淹没在水位以下，有时很难发现。取水口通常位于大坝中心较深处，迎水面垂直于水平面的混凝土坝的取水结构可能位于坝体内部。由于土石坝两侧坡面向坝中心倾斜，所以人们通常会在远离大坝的区域设置独立的**进水塔**。进水塔和坝顶由**引桥**来连接，供人员和车辆通行。

取水构筑物的主要特点是配备有控制水流的闸门和阀门，水在进入闸门之前需要先通过**拦污栅**，以拦截可能造成设备损坏的漂浮物。取水泵站和发电厂进水口处的细密的拦污栅可以防止鱼类被吸入。

许多类型的闸门和阀门被用于控制进水量，闸门开关失灵会引发严重的后果，因此人们为大多数取水构筑物配备一系列流量控制设备来提供安全余度，同时便于定期维护。大多数取水构筑物在坝体内部有钢筋混凝土管道或钢制**输水管道**引水。进水口处的滑动闸门由可上下滑动的金属**闸板**构成，闸板通过**连杆**被连接到**启闭装置**上，电机用于启闭整个闸门。水库中水的压力和温度会随着深度的变化而发生变化，针对这一特点，取水口处一般会设有多个不同高程的进水闸门，以供操作者分层取水。

洪水是大坝面临的最大风险之一。通过增加坝高来抵御可能发生的极端洪水是不现实的，而且水库水位超过坝顶高程也是不被允许的，因为漫坝会侵蚀、损坏坝体的结构和基础。因此，所有大坝至少都有一条溢洪道。当水库接近满库容时，多余的水量可以通过溢洪道被排向下游。

针对流量的不可控性，许多大型水库中有两条或两条以上的溢洪道。规模较小的溢洪道被称为**主溢洪道**或**常规溢洪道**，用于下泄水库接近满库容的来流量。另一种被称为备用溢洪道或**非常溢洪道**，仅在极端工况下使用。根据设计，非常溢洪道可能只会在大坝整个寿命周期中的少数紧急时刻启用，因此它的设计十分简单，就像穿过坝肩的开挖渠道一样。

有时，坝体某段会被整体加固，充当坝体溢洪道，这叫作**防溢保护**。

开敞式溢洪道采用溢流堰来调节水库水位。堰是一种允许水漫过的结构，泄流量取决于堰上水位的高低，以及堰的大小和形状。许多开敞式溢流堰的顶部采用特殊的弧线设计，形成 **WES 曲线溢流面**，曲线可以在给定的长度和水深条件下增加泄流量。有些大坝会采用一种环形的堰，即**旋流环形堰**，该堰型通过竖井排水，常用于无法修建常规溢洪构筑物的狭窄山谷。

非开敞式溢洪道的闸门可以有效控制下泄流量。增加闸门使溢洪道的设计更复杂，但是，闸门可以灵活控制下泄流量意味着，溢洪道整体结构可以得到优化，工程成本进而得以降低。**弧形闸门**由弧形门叶和传力支臂组成，支臂的**顶枢**位于圆心，启闭时闸门绕顶枢转动。闸门的吊点设在门叶面板后的梁系或支臂上，闸门上方的**启闭机**通过铰链或液压杆启闭闸门，进而使水从闸门底部排泄。**翻板闸**可以绕其底部的枢轴转动，通常使用液压缸进行启闭操作。有些闸门甚至采用大型橡胶气囊（被称为**橡胶闸**[1]），通过充放压缩空气或水来进行升降。所有闸门都需要定期的检修和维护，因此大多数溢洪道上游侧都设置了**叠梁闸门**。叠梁为钢制梁，通过起重机可以将闸门临时安装到**叠梁门槽**内，以阻挡水流并将闸门隔离，方便工作人员对工作闸门进行维修（这一过程也被称为**排干水**）。

当水流过溢洪道或取水构筑物跌入下游自然河道时，由于水库与下游天然河道存在水位差，水的流速会增加。在开敞式溢洪道中，水沿**跌坡**下泄，**导流堤**可以对水的流向进行控制。高速水流极具破坏性，如果不加以控制可能会损坏大坝，这意味着溢洪道和取水工程需采取工程措施来耗散水力能量，并在将水排入自然河道之前减缓流速、消能防冲。

多种类型的消能设施被用于溢洪道和取水工程中：管道中的水流可流入**冲击池**，水流在冲击混凝土池壁后得以消能；**消能坎**利用混凝土块体来减缓水流下落时的速度；**水垫塘**允许水流跌入一个加固的大型水塘，消能后再进入下游河道；大型溢洪道末端有时会设置**挑坎**，将水挑入空中形成细小的交叉水珠以消能。许多溢洪道还采用**消力池**来保护大坝基础免受水流侵蚀。消力池的原理是依靠**水跃**[2]消能，水跃发生在水体从高速流动转变为低速流动时。大多数消力池还采用不同组合的**消力墩**来强制形成水跃，紊乱的水流在消力池中不断调整，趋于平稳后流入下游河道，最大程度地减少了高速水流对挡水结构整体的侵害。

---

1 我国的溢洪道几乎没有使用翻板闸、橡胶闸这两种闸型，因为作为溢洪设施，它们的可靠性偏低。在雍水的低水头坝领域，这两种闸型的使用非常普遍，也分别叫作翻板坝（钢坝）和橡胶坝。

2 当高流速的超临界流（溢洪道水流）进入低流速的亚临界流（消力池水流）时，流体的速度突然变慢，流体的一部分动能被紊流消散，另一部分动能则被转换为位能，使水面明显升高，形成雍水，这样的现象即为水跃。

注意看

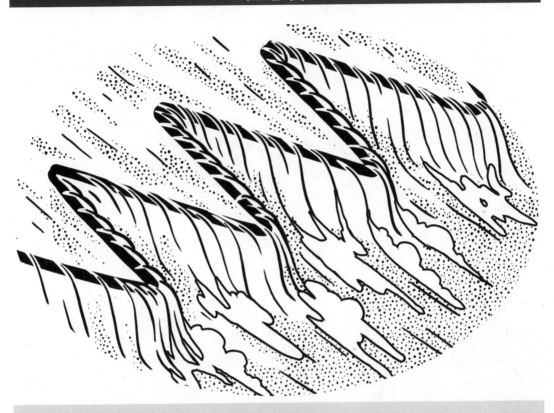

　　溢洪道的过流能力不仅与堰上的水位高度有关，还与过流总长度有关，一般溢洪道的设计目标是在不减弱过流能力的情况下尽量精简结构（降低工程成本）。溢洪道工程设计中十分巧妙的一个方案是将堰折叠成 Z 字形，这种设计允许在更小的宽度内提供更长的过流长度（与直线堰相比），通常用于提升溢洪道的过流能力。换句话说，如果堰的宽度固定，那么在同等安全程度的前提下，我们可以使用 Z 字形堰将水位蓄得稍高一些，提高水库蓄水容量。类似地，使用梯形或三角形布局的堰被称为折顶堰，使用矩形布局的堰被称为琴键堰。

7

市政给排水

简介

水是人类的基本需要，其清洁程度相当重要。甚至在现代市政工程出现之前，许多地方就已经制定了向城市输送净水，以及排放废水、防止水源污染的政策。19 世纪，随着世界各地城市数量和城市人口的增长，来自水源的疾病对公共健康的威胁变得更加可怕和隐蔽。为了使城市居民免受传染病和瘟疫的侵害，卫生学作为一门必要的学科发展起来。现在，几乎所有城镇都有复杂的给排水系统，可以为居民提供充足的净水并处理大量污水。尽管人们对此很容易习以为常，但市政给排水系统的建设和维护是一项庞大的工程，需要大量基础设施的支持。城市中的许多管道和阀门都埋藏在地下，如果知道在哪里寻找，那么你可以观察到许多相关设施和设备。

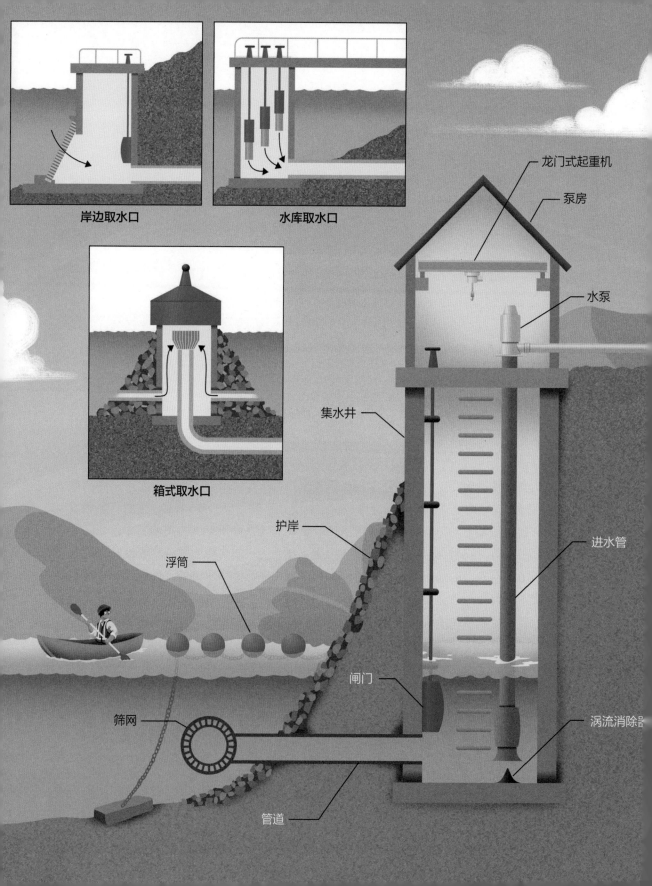

岸边取水口

水库取水口

箱式取水口

龙门式起重机

泵房

水泵

集水井

护岸

进水管

浮筒

闸门

涡流消除器

筛网

管道

取水口和泵站

我们用于饮用、清洁和灌溉作物的水，大部分都来源于河流、小溪、湖泊或水库，这些水源统称为地表水（相对的地下水源将在下一节中介绍）。从河流或湖泊取用水看似简单，然而，将地表水引入管道或渠道并输送到目的地这个过程存在许多工程难题。进水建筑物承担了这一关键任务，其常与蓄水或引水相关联（比如在水库中取水口与蓄水、引水环节相衔接），但取水口通常是独立的结构，只要留心观察，你就可能会在河岸、湖泊或水库附近看到它们。

湖泊或水库的**取水口**通常包含一个大型混凝土或砖砌的塔体（如第 6 章所述）。在复杂的情况下，同一个结构对大坝来说可能是**泄水口**，但对泵站或渠道来说却是**取水口**。早期的**箱式取水口**需要被建造在岸上，然后被浮运到安装地点，最后被碎石压重下沉。取水口中心的竖直通道利用水的重力进行引水，水经过水面下的管道，最终通过水泵被抽送到岸上的处理与配水设施中。

虽然完全清除污染物和沉积物通常属于取水的后续工序，但是在设计取水口时也要确保进入管道的源头水尽可能干净，以减轻下游水厂的处理负担。未经处理的水通常被称为原水。在水库和湖泊中，悬浮沉积物的含量、浮游生物和藻类这些微生物的数量，甚至是水温，都会因水深的不同而发生显著变化。因此，大多数水库和湖泊的取水口在多个水平高度上都设有进水闸，以便操作员根据水库或湖泊的不同水深选择最理想的进水水质。关键的是，人们还可以根据水源情况和下游需求按需打开或关闭各层进水口的闸门。

河流取水口面临一系列不同的挑战，不仅河流的水位会发生明显变化，而且就连河流本身也是一个动态调整的系统。洪水携带的大量沉积物趋于在流速较慢的弯道内侧沉积，这会改变河岸的位置和形状，有时甚至会完全改变河道走向，所以河流取水口总是位于河道的直线段或弯道外侧。工程师在找取水口时一般会避开更易被淤塞的位置。**岸边取水口**通常设置在河岸上，允许水侧向流入该结构。然而，天然河道的最深处（深泓线）通常在河道中心，当河流水位较低时，通常需要疏浚河床才能使水流入岸边取水口。这种疏浚不仅会破坏河流敏感的生态环境，而且由于沉积物会随时间的推移不断沉积在河床中，疏浚还要定期进行，费时费力。

在取水口下游建造一个小型挡水堰是一个应对水位变化和沉积物堆积的办法。挡水堰可以提高河流水位，同时减缓流速，以便沉积物沉降。但是，堰不仅会阻碍船只航行和鱼类洄游，还可能变得非常危险（如第 6 章所述），已逐渐被弃用。在现代的河流取水口结构中，人们主要通过精心选址来避开沉积物和低水位的影响，同时减少环境破坏。一种替代岸边取水口的方法是在河道深处敷设一根**管道**，通过隧道施工将其连到岸边，以避免开挖天然河岸。管道的末端设有**筛网**，以防鱼类或碎屑进入管线，同时使用**闸门**来控制进水流量。

除非原水最终目的地的高程远低于水源，否则大多数取水口都会配备**泵站**，用来将水从水源地抽送到管线或引水渠。**水泵**通常被直接安装在取水口上方或附近，有时在被称为**泵房**的建筑内。这些建筑有明显的识别特征，比如方便人们维修或更换设备的内置**龙门式起重机**。

在泵站系统中，水先流入进水口，通过输水管或隧道进入被称为**集水井**（或**集水坑**）的结构，这里的容积和水深足以满足水泵的运行需求。集水井必须是精心设计的，能为水创造理想的流动条件，从而避免水泵运行效率低下或损坏。紊流和旋流会在集水井中形成涡流，就像排水时的浴缸一样。如果涡流进入水泵**进水管**，那么其中夹带的空气就会降低水泵效率，甚至导致水泵故障。所以，集水井内有时会安装**涡流消除器**，以防旋转的水流被吸入水泵。

取水口的水下结构及其带来的湍流可能会给河流或湖泊中的游泳者和船员带来危险。如果存在此风险，则取水口管理单位会在取水口处安装**浮筒**，警告人们远离潜在的危险。这些各种颜色的漂浮体被锁链连接在一起，其两端固定在河床上或湖底，围绕危险区域形成一个禁区。一些浮筒足够坚固，可以挡住可能损坏取水口的漂流木材、碎屑和冰块等。此外，当取水口或泵站必须靠近河岸时，为了减少侵蚀、保护结构安全，**护岸**（如**抛石护岸**）的使用必不可少。

注意看

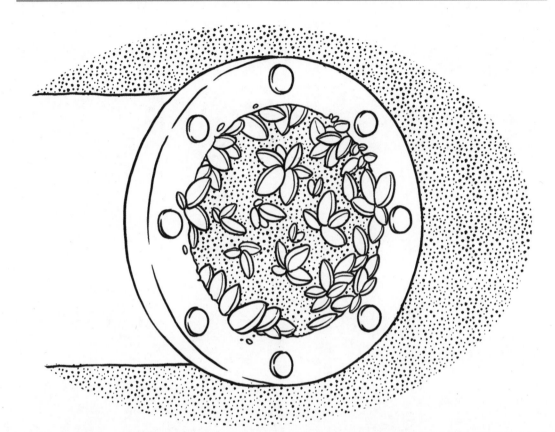

　　人们通常将取水口设置在天然河流和湖泊中，这让其不得不面对水生生物。某些生物会附着在水利设施上，比如贻贝、蜗牛和蛤蜊等。随着生物数量不断累积，它们会堵塞取水口（这叫作**生物污损**），降低进水管效率。相关水利部门通常使用防污涂层来防止动物附着或使其易于去除，但是这些涂层必须定期重刷，这带来了高昂的停机维护成本。在许多情况下，防治生物污损最有效的方法是机械清洁（即刮除生物污损）。潜水员可以清洁进水口筛网这类可以触及的设施，管道则通常需要使用一种可以穿过管道的圆柱形工具（**清管器**）来清洁。大多数制造麻烦的生物并不是受影响水域中的原生物种，而是因缺少竞争而得以大量繁殖和迅速扩大种群的物种。防止这些外来物种散布到新的水体可能是解决生物污损最重要的方法之一，因此，美国许多州都颁布了法律，要求船只在进入河流或湖泊前必须有人完成清洗、排水和晾干等预防工作。

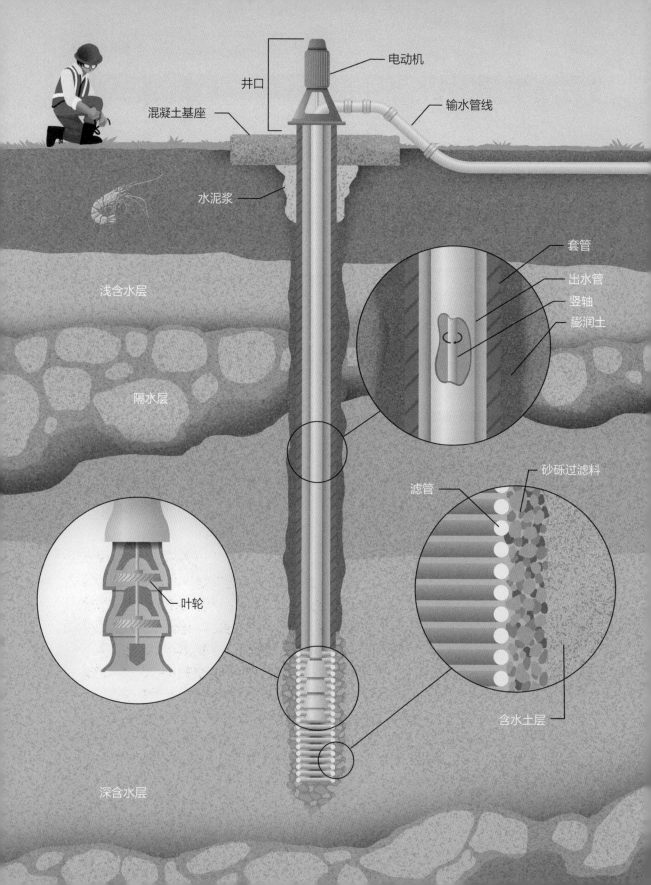

电动机

井口

混凝土基座

输水管线

水泥浆

套管

出水管

竖轴

膨润土

浅含水层

隔水层

砂砾过滤料

滤管

叶轮

含水土层

深含水层

水井

并非所有的降水都汇入了湖泊和河流，有些也会通过土壤与岩石之间的空隙渗入地下。这些渗入的水最终会遇到一个透水性差的地层（**隔水层**），从而无法继续下渗。长期累积下来，这些水在地下形成了水资源丰富的**含水层**。一个常见的误解是地下水储存在地下河或地下湖这样的开放洞穴中，尽管在某些地方确实是这样，但巨大的地下洞穴是罕见的。相反，几乎所有地下含水层都是由饱含水的沙、砾或岩石构成的地质构造，就像吸满水的海绵。人类利用**水井**抽取这些地下水为生产生活所用，最简单的水井仅仅是一些用于从周围土壤中收集渗水的深洞。现代水井利用了精密的工程技术，可以提供可靠和持久的淡水来源。农场灌溉可以依赖水井供水，乡村家庭和乡镇企业在无法连接市政管网时，也可以依赖水井供水，甚至许多大城市的居民用水也将地下水作为主要的淡水来源。

几乎所有地方在地表以下都有饱含水的土壤或岩石层，但全世界不同地区地下水的可利用程度大不相同，水量、水质和水的抽取难度主要取决于当地的地质条件。地下水与水文系统的其他部分相连，因此抽取地下水可能会影响地表水的质和量。我们无法用肉眼看穿地表，只能通过钻孔来探索地下的地质情况，代价高昂。因此，一个区域地下水的可利用性通常需要综合许多信息来确定，包括当地的历史纪录和附近的水井情况等。对于地下水水文专家来说，选择水井的位置和深度有时不像一门科学，而像一门艺术。

人们在安装水井时通常需要利用钻机从地表向下钻孔，钻工会分段详细记录钻出的土壤和岩石（**岩芯**）情况，以便和工程师设计水井时的地质推测进行对比，及时发现地层差异并进行处理。一旦钻孔到达合适的深度，水井就可以安装了。钢或塑料制成的管道（**套管**）被放入孔中作为支撑，可以防止松动的土壤和岩石塌入水井。在取水深度处，筛网被安装在抽水设备的外壳上，**滤管**代替了不透水套管。滤管容许地下水渗入，同时可以阻挡较大的土壤和岩石颗粒进入水井，防止其污染水源或者加速抽水机的磨损。

套管和滤管安装完成后，还需填充**环形空隙**（钻孔和套管之间的空间）。在水井设置筛网的区域，滤管部分通常用叫作**砂砾过滤料**的砂砾来填充。这层物质充当过滤器，可以防止**含水土层**中的大颗粒通过滤管进入水井。套管段的环形空隙则通常用**膨润土**来填充，土在水合反应后会膨胀，进而形成不透水的隔离层，这可以防止上部**浅含水层**的地下水（水质可能较差）沿环形空隙进入滤管。最后，环形空隙最上部也需要被永久密封，可以使用膨润土来填充，有时也可以使用**水泥浆液**。密封可以确保地表污染物不会进入水井，最糟糕的情况是污染物在进入水井后扩散到含水层，进而污染其他水井的水源，因此大多数地区对水井的地表密封有严格规定。套管通常会向地面伸出一段，形成**井口**。井口各个方向由**混凝土基座**覆盖，以防水井损坏或污染物渗漏至井中。

钻井过程中钻孔壁会粘上一层黏土或细小颗粒，阻碍渗流的形成。所以，水井在成井后通常要完成洗井的程序，从而与含水层建立水力联系。施工人员需要在井内反复注入和排出大量水或空气，以清除环形空隙中的砂砾过滤层与含水层接触面之间的细小颗粒。

在成井和洗井合格的水井中，地下水可以畅通无阻地从含水层流入套管，并且没有任何沉积物。但这并不是最后一步，还需要用一些方法来将水提升到地表。浅井使用的射流泵会像吸管一样产生吸力，便于抽水，但是这种方法不适用于深井。当你用吸管喝水时，吸管内实际上形成了真空环境，真空迫使周围的大气压力将饮料推至上方。不过，大气压力是有限的（即一个标准大气压），仅能提供一定程度的平衡力，以抵消吸管内流体的重量。即使吸管中完全形成了真空，也只能将水吸到大约 10 米的高度。因此，人们无法利用吸力将更深处的井水提到地表。此时可以将水泵安装在井底，利用推力将水送至井顶部。

大容量水井通常配备立式涡轮泵。**电动机**被安装在井口，同时连接到穿过**出水管**中心向下延伸的**竖轴**上。竖轴在井底驱动一系列**叶轮**，将水从井底向上泵进出水管，然后进入**输水管线**。因为电动机被安装在地面，所以立式涡轮泵易于维修，但其缺点是噪声较大，而且要求精确校准井深才能正常使用。替代立式涡轮泵的常用方案是将电动机和叶轮一起封装在井底的潜水泵中。因为动力部件都深埋在地下，所以潜水泵更安静，但为了适应水井套管的尺寸，电动机需要做得更小一些，这导致其抽水流量通常较少。

注意看

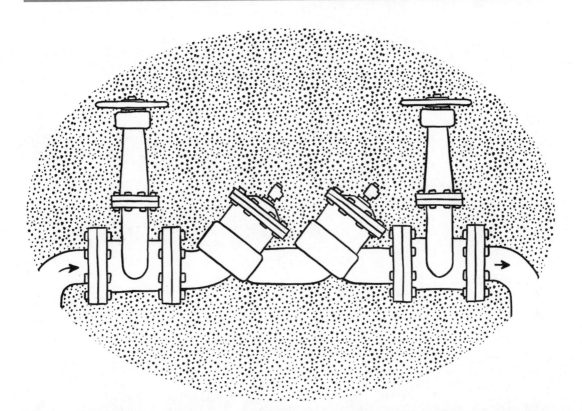

　　如果管道破裂或结冰，那么受污染的水可能会从地面顺着管道进入水井，从而污染井内水源甚至是周围的含水层。这个问题不仅水井会碰到，供水管网也会碰到。如果管道破裂或抽水机停机，导致饮用水管道失去压力，那么有害污染物则可能乘机侵入管网。防回流装置可以解决这个问题，它们被安装在水井和其他供水网络中可能存在污染的位置，比如灌溉系统中或消防栓处。许多防回流装置同时串联了两个止回阀（一种可以防止水流逆流的阀门），以确保即使其中一个失灵，水也只能单向流动。止回阀通常与截止阀和取水端口组合使用，方便维护人员对机械部件定期进行调试。

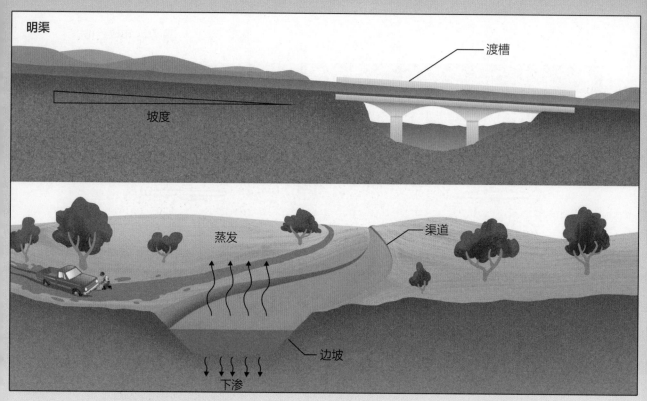

明渠

渡槽

坡度

蒸发

渠道

边坡

下渗

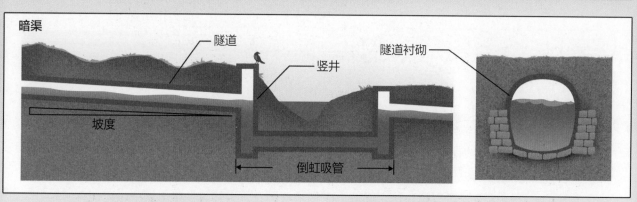

暗渠

隧道

竖井

隧道衬砌

坡度

倒虹吸管

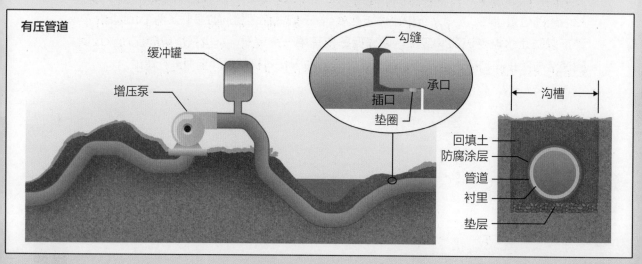

有压管道

缓冲罐

增压泵

勾缝

承口

插口

垫圈

沟槽

回填土

防腐涂层

管道

衬里

垫层

输水管系和渠系

在理想情况下，水资源位于用水地附近，可惜这并不是常态，许多人口稠密的地方常年不能获得充足的降水。因此，世界上有一些最令人称道的基础设施项目用于将水轻松地从水源地输送到人口稠密的地方进行分配。古罗马的引水渠闻名天下，绵延数十公里，将淡水输送到城市，渠系中甚至用了精美的石制渡桥来跨越江河。渡桥只是冰山一角，每个渠系还包括数千米的管道、运河和隧道。现在，工程师仍使用许多与古罗马人相同的方式将水输送到有需要的地方。

虽然各地使用的术语有可能不同，但渠系一般指用于长距离输水的所有人造结构，最常见的是开敞式渠道（明渠）。如果水源地比目的地高，那么挖掘河道可以保证水依靠重力实现自流输送。事实上，所有明渠都必须有坡度，只是有些明渠的坡度极缓，以至于肉眼几乎难以分辨。自流输水的流量与渠道的坡度和宽窄呈正相关，逆坡的渠道几乎是不可能输水的。换句话说，输送相同的水量，更陡的渠道可以采用更小断面（从而更便宜），而较平缓的渠道则需要更大的断面。

然而，流量并不是明渠唯一的设计考量，水的流速必须足够快才能减少渠底的泥沙淤积，但又不能太快，否则会导致渠道受侵蚀。渠道必须足够宽才能输送足够的流量，但又不能过于宽，否则会加速水分蒸发，最终让水下渗到土壤中。工程师在选择渠道路线和形状时需要平衡所有这些因素。例如，许多引水渠与河流平行，这样渠道的建设可以利用河流沿线长距离平顺的天然落差，渠道断面则大多采用边坡倾斜的梯形，一种相对稳定且不易坍塌的断面。此外，许多渠道还采用混凝土衬砌，以减少渗漏损失和冲刷的影响。

明渠通常较其他型式更经济，但也存在一些劣势，比如水会因蒸发和下渗而损失，也可能因结冰而断流，而且更容易受到污染。渠道也会影响环境，它就像道路或高速公路一样分割了地貌。还有，渠道只能允许水顺坡流动限制了它在多山地形中的实用性，在许多情况下将渠道改为地下隧道或管道更为合理。

当水在无压条件下流动时[1]，地下暗渠的工作原理与地面明渠相同，都有自由水面且依靠重力实现自流。隧道衬砌（或直接采用管道）可以使水免于污染、蒸发和渗漏。暗渠同样也必须保持一定的坡度才能依靠重力实现自流，但因水道不受地表限制，所以暗渠的自流更容易实现。暗渠还可以最大程度地减少对地表的影响，减轻对环境的破坏。暗渠甚

---

1 无压流与有压流相对应，通常来说，有压流指在水充满隧洞或管道的条件下，隧洞或管道内壁的各个方向都有水压力，反之则为无压流。

至可以利用**竖井**在河流下方穿行，形成**倒虹吸管**的结构，这样就无须修建渡桥了。

当水源地比目的地高程更低，或渠道沿途地势起伏过大，无法保证水依靠重力实现自流时，使用**有压管道**可能是唯一可行的引水方式。如前一节所述，取水口的泵站可以将水压入管道，允许水逆坡而流。这些管道通常被埋设在足够深的地下**沟槽**中，以防被损坏或被冻裂。管道被置于**垫层**之上，垫层就像床垫一样均匀分散管道的压力荷载。

管道材料的选择是管线设计的关键。管道必须足够坚硬才能承受内部水压和外部**回填土**荷载及地面荷载。同时，管道还必须抵抗内部输送的水和外侧的土壤可能造成的侵蚀。管道可以由各种材料制成，包括钢材、塑料、玻璃纤维和混凝土等，不同材料在不同情况下各有优势。大型管线通常使用**防腐涂层**和**衬里**来延长使用寿命。

与使用胶水或螺纹连接的小管道不同，大多数大直径管道的接头要么采用焊接方法，要么采用承插式设计。当一个管段的**插口**插入另一个管段的**承口**时，橡胶**垫圈**会被压缩，进而形成水密封的效果。有时，每个接缝周围还会有**勾缝**，以保护垫圈和裸露的钢材免受损伤和侵蚀。

选择管径大小是管线设计的另一关键。越小的管道越便宜，但如果要达到和大管道相同的流量，则小管道需要更快的流速。水流过管道会与管壁摩擦进而损失能量，这种损失随速度的增加而增加，因此随着时间的推移，安装较小的管道节省的成本，可能会随抽水成本的增加而逐渐抵消。对于长管线，这些摩擦损失可能非常大，人们需要沿线安装**增压泵**来维持系统压力。而且在管道老化后其内表面也会变得更粗糙，从而增加摩擦带来的能量损失，因此工程师必须考虑到这种摩擦及其在管道的整个寿命周期中带来的抽水成本，合理选择管径。

长管线中的流体质量可能非常大，有时甚至超过满载的货车。大量水通过管道输送会产生非常大的动量。尽管水属于流体，但它的可压缩性很小，导致关闭阀门或停止抽水的瞬间动量无处抵消，所以在管线内会产生一个压力峰值，这个压力以冲击波形式传播，这就是**水锤效应**。在家庭住宅中，如果水龙头关闭过快，管道会晃动并冲击墙壁，这就是水锤效应的一个例子。然而，在输送大量流体的大型管线中，快速关闭阀门产生的冲击力相当于将满载货车撞向混凝土墙。因此，为了避免产生可能损坏设备或管道的压力峰值，工程师制定的使用方法要求人们在操作阀门和水泵的启停时慢启慢关。如果操作员必须快速调节流量，那么安装**缓冲罐**[1]将有助于吸收极端压力峰值，以最大程度地减轻水锤的破坏。

---

1 缓冲罐的缓冲性能主要依靠压缩空气来实现。空气的可压缩性更好，巨大的水锤压力可以压缩缓冲罐中的空气，从而减少对管道系统的破坏。

注意看

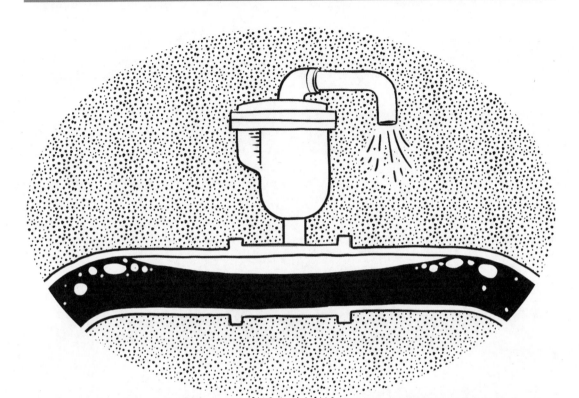

　　尽管管道用于输水，但是工程师必须考虑到管道内含有空气的情况。虽然管道是密封系统，但是空气仍可溶解在水中、被泵吸入水中或在初次充水时滞留在管道中。这些气泡在管道高点聚集时会占据一定空间并成为管道过流的障碍。在最坏的情况下，气泡可能完全堵塞管道（气塞）。许多管道都配备了排气阀，可以在管道的高点自动排出气体，从而保持管道内水体充盈。如果仔细观察，你可以看到突出地面的排气阀。

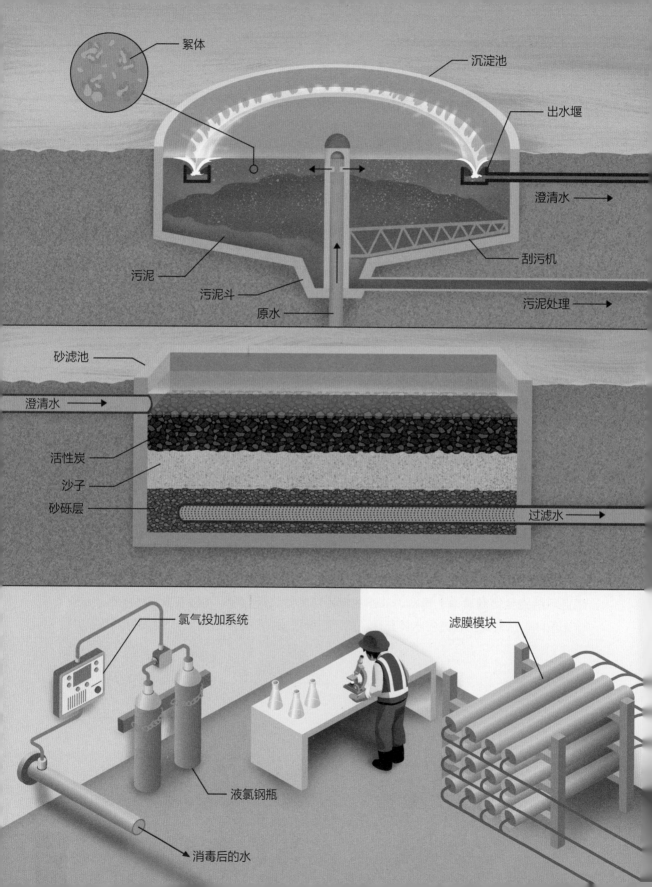

水处理厂

大多数原水资源都会受到细菌、沉积物和其他有害物质的污染，进而可能对人体健康产生威胁。此外，有机物质也会影响甚至改变水的滋味和气味。在向家庭和企业用户分配饮用水之前，水必须先在水处理厂（以下简称水厂）经过净化处理，成为可饮用的水。用于净化水并确保净化后的水对人体无害的技术有很多，大多数水厂都是针对特定的水源和潜在污染物来设计的。例如，受污染程度更轻的地下水的处理流程就要比地表水简单很多。所以，不同水厂的工艺并不相同，外界观察者也无法看到水厂所有的处理步骤。然而，了解市政部门净化水的基本步骤能给洞悉城市给水系统的其他要素提供一个背景和窗口。

地下水和地表水中的悬浮颗粒都含有各种成分，这些固体颗粒不仅使水不清澈（代表水体浑浊程度的指标为浑浊度），而且可能携带有害微生物。大多数水厂在净化水时首先会通过沉淀工艺来除去这些悬浮颗粒，这个过程通常分三个步骤完成。第一步，在水中充分混合化学混凝剂，混凝剂可以中和悬浮物所带的互斥电荷，让颗粒物聚集在一起。第二步，向水中加入化学絮凝剂，将悬浮颗粒进一步凝聚成絮体，絮凝剂的添加过程需要足够缓慢，以免絮体被打散。吸附悬浮颗粒的絮体不断变大，最终会因变得足够重而逐渐沉淀下来。此时进入第三步——沉淀工艺，原水被排入一个几乎静止的池子，絮体在此沉降到池底。这个池子可以是一个定期排水和清洗的简单矩形混凝土箱，也可以是许多水厂使用的沉淀池。沉淀池可以自动收集沉入底部的污泥，这种圆形水池几乎是水厂最明显的特征。原水从沉淀池中心冒出，非常缓慢地向外围扩散、移动，悬浮颗粒在这个过程中沉降到池底并形成一层污泥。澄清水则翻过出水堰离开水池，出水堰保证了只有距离污泥最远的一层很薄的表层水可以离开。刮污机将污泥从沉淀池倾斜的底部向下推到污泥斗中，在那里污泥将被收集起来进行污泥处理。

沉淀工艺去除了大部分悬浮颗粒，但仍有一些微小颗粒、病毒和细菌无法被去除。大多数水厂在沉淀完成后进入过滤工艺，即强制水通过多孔介质，以滤除水中的剩余杂质。水厂的滤料通常由数层沙子、活性炭或其他多孔材料组成。水依靠重力或泵压力通过滤料，水中多余的颗粒会被留在滤料中。最后还需要用一个砂砾层来防止滤料被过滤水冲出。随着时间的推移，滤料中被截留的颗粒物逐渐累积，可能会堵塞滤料的孔隙，导致过滤效率降低。反冲洗操作可以让水反向通过滤料，清洗过滤介质，使滤料焕然一新，用于反冲洗的水则返回水厂的进水口等待重新处理。

一些现代水厂抛弃了传统的砂滤池，改用由半透水性材料薄片组成的滤膜进行过滤处理。加压的水被迫通过薄膜微小的孔隙，滤膜上留下了所有不需要的颗粒。使用滤膜的水厂通常有一套管式过滤模块，如果其中某个滤管被堵塞或发生故障，那么这个单元可以得到快速的替换。滤膜可以去除所有微小污染物（甚至病毒），因此采用该工艺的饮用水的水质优于采用其他工艺的饮用水。

典型的水厂的最后一步工序是**消毒**，以杀死任何残余的寄生虫、细菌和病毒。有几种方法可用于灭活微生物并让水达到饮用标准，只不过大多数城市主要用在水中加入消毒剂（通常是氯或氯胺）的方法。这些化学物质在低浓度下对人体无害，同时又可以杀死危害人体健康的微生物。许多水厂使用储存在**钢瓶**里的液氯，用**氯气投加系统**以预定的速率向水中精确地加入氯气。氯气溶解在水中，有助于杀死病原体。

重要的是，水流过数千米的管道，从水厂被输送到配水终端用户，化学消毒会在整个输水过程中持续起效。最后，饮用水在离开水厂前必须先经过严格的检测，以确保其符合政府规定的饮用标准。水源中有许多随时间变化的潜在污染物，其对人类健康持续产生威胁，而且水源的化学成分也会随时间（尤其是随季节）而变化，因此处理厂必须持续对出水进行检测，确保其干净、安全。

注意看

　　化学消毒剂（比如氯）通常被水厂加入水中，消毒剂含量会随时间的推移而逐渐降低。然而水质标准规定，即使在供水系统的最远端，水中仍需要含有消毒剂，这样才可以确保有害的有机物不能在供水系统沿途的任何地方滋生。拿氯消毒来说，存留在饮用水中的氯被称为余氯，余氯量是水处理和水分配过程的关键指标。现在的问题是，随着时间的推移，氯通过管道和储水池后会逐渐分解。然而，只有水厂才能加氯，但仅靠水厂来为供水管网的各个节点添加足够的氯显然是不可能的。因此常会出现水厂附近的管道内有太多的氯，而在供水系统的偏远位置余氯不足的情况。

　　因此，许多城市在关键位置建设了二次加氯站，以便消毒剂能够更均匀地分布。有些加氯站甚至可以自动分析余氯量并相应地调整二次加氯的剂量。这些加氯站可能位于小型的独立建筑物中，或毗邻供水系统的其他位置（如水塔或储水池）。一个大大的氯气警告牌可能是方便我们认出它的唯一标志。

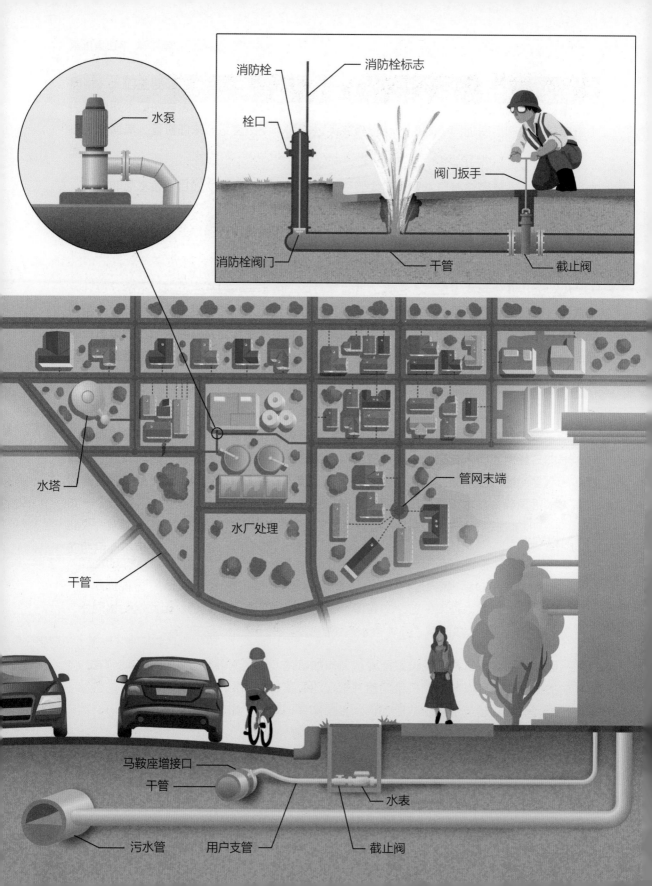

水泵

消防栓　　消防栓标志

栓口

阀门扳手

消防栓阀门　　干管　　截止阀

水塔

管网末端

水厂处理

干管

马鞍座增接口

干管

水表

污水管　　用户支管　　截止阀

供水管网

从水源地取水后将其输送到人口中心附近的水厂，再进行净化处理，最后一步必然是输送给服务范围内的用户。水井和水厂的饮用水通常跨越数十公里才得以到达每个家庭和企业用户。市政供水管网由相互连接的管道、阀门和其他元件组成，其输送的纯净水用于饮用、洗涤、烹饪、浇灌，以及广泛的商业和工业场景。供水管网还可以为消防灭火提供加压水源，从而减小火势蔓延至相邻建筑物的概率。与只有单一大型结构的原水基础设施不同，供水管网必须分布在城区的各个角落。建设和维护如此庞大且关乎人类健康的系统面临着许多的挑战。

供水管网的第一环通常是**水泵**。和前文所述的取水口的水泵一样，管网中的水泵（常被称为高压泵）可以给管网加压，加压后管道中的压力通常为正常大气压的两到六倍。当然，有些高压也来自水箱或**水塔**，这种情况将在下一节中介绍。管网的泵站通常位于**水厂**内，以便给净化后的水直接增压。水泵提供的压力不仅使饮用水流向目的地，还可以确保污染物无法从管道的接头或管壁的微孔进入供水系统。因为即使出现泄漏，水也是从加压的管道内向外喷出，而不会让杂质或污染物渗入管道。供水管网使用的高压泵耗电量巨大，因此通常需要可靠的电力供应。此外还要配备备用发电机，以防潜在的断电事故。能源费用通常是供水公司最高的运营成本之一，节约用水不仅可以减少水资源浪费，还可以大大节约引水、净水和配水所用的能源。

饮用水由水泵进入被称为**干管**的管道，一系列干管组成了城市的饮用水循环系统。干管通常被埋设在地下，以防损坏，更重要的是可以防止被冻裂。大多数干管的布局呈网格状或环形，通常沿街道敷设。许多地区要求给水干管与地下**污水管**必须横向分开，因此这些平行的管线通常分别位于街道两侧。

虽然网格状的干管布局需要额外的管道和接头，但是在这样的网格状布局中，饮用水一般可以通过多条路径到达网格的任意一点，这提高了供水的可靠性，而且可以在不影响管网其他部分的前提下进行管道维修。网格状布局有助于避免水流停滞。采用树状网布局[1]时，**管网末端**的水只有在支线用户打开水龙头时才会流动。如果饮用水在管道内停滞时间过长，消毒剂就会不断地被分解，以致影响水质。在网格状布局中，管道中的水可以持续循环，单独的末端很少出现，水质要求能轻松得到满足。

---

1 在树状网布局的管网中，从水厂到用户的管线被布设为树枝状。树状网供水可靠性较差，管网末端的水质容易变差，进而易出现浑水和红水。因此，这种树状网布局的使用并不广泛，仅出现在一些特殊情况下。

各个用户通过**用户支管**与干管有效连接来获取饮用水，**马鞍座增接口**被用于在干管上创造接口，用户支管通常从该接口一直连接到用水终端。市政管理部门在送水入户之前还需要安装**水表**，用于计算用水水量，以便按量向每个用户收费。水表不仅可以鼓励大家节约用水，还可以帮助市政管理部门发现管网的泄漏。

干管偶尔会破裂，比如因地基变形而破裂、因受冻而破裂或因老化而受侵蚀，出现这种情况时，市政管理部门必须挖出管道进行维修。尽管在水柱喷涌时也可以进行维修，但这通常很难，所以在开始维修之前，最好先将干管与供水系统的其他部分隔离。**截止阀**通常被设计在干管交叉口处，以便隔离部分管网，让工作人员得以维修破裂管道。阀门被安装在地下的检修井内，井口由小型金属井盖覆盖。在大多数管道交叉口会有一条管道不安装阀门，以节省安装和维护成本。如果无阀门的管道需要被隔离，则交叉口的所有其他阀门都需要被关闭，**阀门的开关**一般由工作人员用专用的**阀门扳手**进行操作。同理，每根用户支管也需要安装一个或多个截止阀，以便在管道维修或紧急情况下隔离单个家庭或企业用户。

我们不仅需要用清洁的水来满足基本的生活，还需要用随手可得的水来支持消防工作。历史上很多最糟糕的灾难都是因为人们缺少有效控制火势的手段，最终火灾在人口聚居区蔓延。现在城市到处都有**消防栓**，它与水压充足的干管相连以帮助灭火。美国大多数地区使用干式消防栓，**消防栓阀门**位于地面以下，阀门关闭时栓体内无水。这既能防止消防栓因车辆撞击而损坏，也能降低消防栓地面部件冻损的风险。在一些地区，**消防栓栓口**的不同颜色表示灭火时可用的不同最大出水流量[1]。在寒冷地区，消防栓可能还会配备一个高于积雪高度的**消防栓标志**，方便在冬季识别。

---

1 我国的消防栓用色以醒目的红色为主，未用颜色来标识流量。国外有些地方用红、橙、绿、蓝共四种颜色来依次标识最大流量，红色表示流量最小，蓝色表示流量最大。

注意看

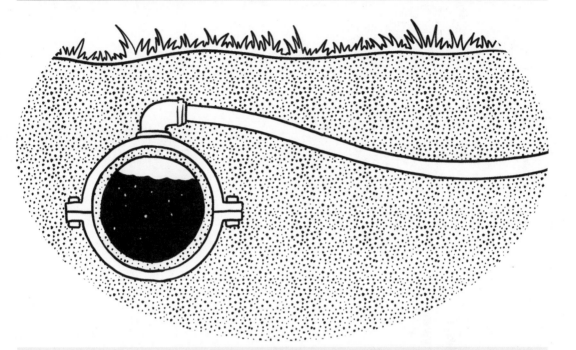

　　一直到 20 世纪初，使用含铅的地下水管连接家庭和企业用户仍非常普遍[1]，甚至到了 20 世纪 80 年代，一些城市仍允许使用含铅水管作为用户支管。含铅的管道不仅耐用，还具有足够的柔韧性，易于弯折、方便施工。但是，即使是接触低浓度的铅，人体健康也会受到损害，少量的铅甚至可能对人的神经系统造成影响，尤其是对儿童的伤害最大。铅会溶入水中并顺着管道流动，使所有人都直面铅污染环境。拥有大量含铅水管的城市一直在努力更换，但替换成本很高。在含铅水管被替换前，有一些城市在水中加入防腐化学物质，以减少未更换的含铅管道中浸出的铅。如果你不确定自己用的水中是否含有铅，可以考虑去实验室进行检测，以免接触有害的重金属。

---

1 我国含铅水管的使用较少，自 2003 年起，新建的供水管网已经逐渐禁用含铅材料。美国基建发展较早，含铅管网遍布全美，预计还有数百万条正在使用中，更换这些含铅水管需要大量的经费，这也是美国面临的一个巨大难题。

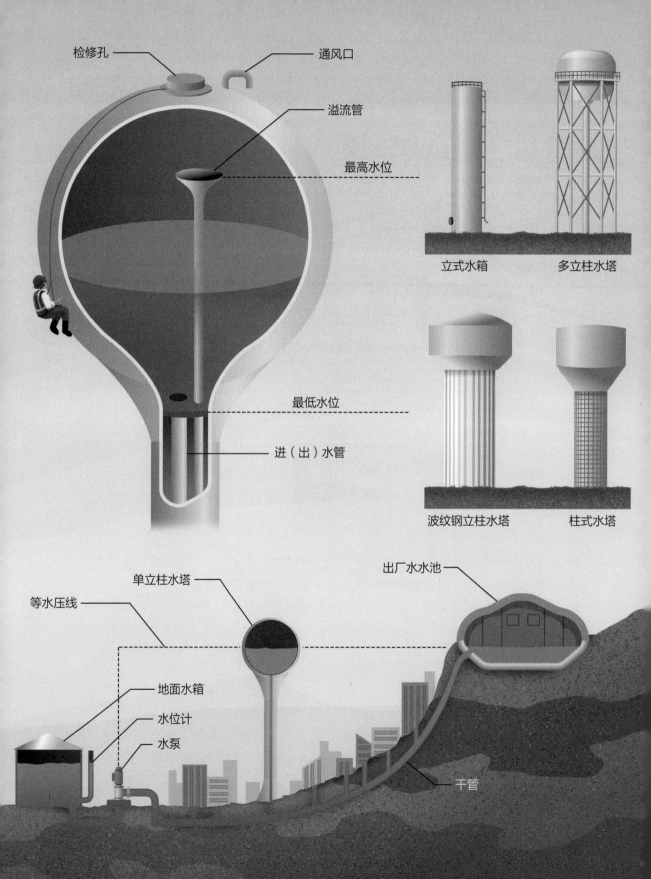

检修孔

通风口

溢流管

最高水位

立式水箱

多立柱水塔

最低水位

进（出）水管

波纹钢立柱水塔

柱式水塔

单立柱水塔

出厂水水池

等水压线

地面水箱

水位计

水泵

干管

水塔和水箱

人们对饮用水的需求不仅在一年内有很大变化（因为天气的季节性变化），在一天内也有明显的波动。城市的用水高峰通常出现在早晚人们淋浴、烹饪和浇灌的时段。此外，有些城市的用水高峰是火灾带来的，消防用水的需求是随机且不分昼夜的。没有水的帮助，火灾可能会在建筑密集的城区失控蔓延，因此即使是在用水高峰时段，大多数市政管理部门也会确保供水系统有充足的水量储备。设计供水系统的工程师在确定水泵、管道、阀门及其他设备的规格时，必须考虑所有可能的需求变化，而储水是供水系统中解决饮用水需求变化最重要的一环（通常也是最明显的）。

涉及取水、输水、净水和配水的许多步骤，都是在以稳定的速率运转时效率最高。比如在水厂中，化学药剂的添加和净化工艺都要求水量必须保持恒定，不能突然变化。再比如，供水管网的水泵通常也以恒定的功率运行。如果没有储存水的地方，操作人员就需要不断地调节生产速率，以适应需求的变化。另外，所有水处理设备和水泵都需要有与用水峰值相匹配的规模，即使它们每年可能只有一两次的满负荷运转——这无疑增加了成本和复杂性。水箱和水池可以平滑用水峰谷，使水泵等其他设备按平均工况运行。当用水需求量少时（如夜间），水厂多生产的水可以装满水箱；当用水需求量大时，放出这些储存的水就可以补充水厂的产能，以满足需求。

供水系统中有许多种类的储水设施。**地面水箱**通常有一个很大的圆形钢制或混凝土外壳。仔细观察，你会发现许多水箱外部都有**水位计**，让人一眼就可以看出储水量。还有一些城市有在地面开槽建成的水池，也叫作**出厂水水池**，它可以以相对低廉的成本储存大量的水。在这些水池中，塑料或混凝土衬里用于防渗漏，加盖用于防止污染（一些未加盖的水池仍在使用）。水厂里通常有地面水箱和水池，在那里它们统称为清水池。

地面储水的劣势之一是没有水压，操作人员必须根据波动性的用水需求使用**水泵**，将水泵入供水管网。在供水管服务范围内的山顶位置建好的水箱或水池，不仅可以储水，还能储存水泵的能量。高位水箱可以以稳定的水压给管网供水，平滑管网对水泵的需求，水泵只需保持稳定功率持续向水箱输水，而不必根据一天内各时段用水量的变化而反复调整功率。电价波动较大的地区还可以在夜间使用便宜的电力运行水泵，给水箱加满水；在电价高昂时再从水箱放水供应管网，以节省电费支出。高位水箱在停电或紧急情况下很有用，因为它们可以在水泵和水厂都停摆的紧急情况下给管网充压供水。

可惜的是，并不是所有城市都有建高位水箱的山坡。小规模供水系统通常使用高而小的**立式水箱**来储存生活用水，由于顶部的水如同位于山顶，其起到高位水箱的作用；水箱底部的水则作为应急储备用水，在需要时可以被泵入供水管网。大城市通常使用架高的储水箱（水塔），其储水水压远远高于管网的水压要求。

选择合适的水塔高度是非常重要的，因为供水系统必须在合理的水压范围之内运行。水压过低存在水受到潜在污染的风险，过高则可能损坏管网和设备。

水体的压强与其距离水面的深度相关。你可以把供水系统想象成虚拟海洋，所有人都生活在其中，高位水箱中的水位代表虚拟海洋的水面（工程师称其为**等水压线**）。低洼处的用户位于虚拟海洋的底部，此处水压最大；高处的用户接近虚拟海洋的表面，水压最小。理想水压对应的水深通常在 30~60 米，这意味着大多数水塔的**最高水位**和**最低水位**要在此范围内。如果水箱与管网的高差（高程之差）低于 15 米，则可能无法提供足够压力来防止污染。地势起伏较大的城市有时会采用不同压力等级的独立供水网，将每个用户支管的水压都控制在理想压力范围内。

水塔就是一个很简单的连接在给水**干管**上的水箱。当用水需求少于水厂供水量时，管网的压力升高，迫使水流过**进（出）水管**后被压入水箱；当用水需求超过水厂供水量时，管网的压力降低，水又可以沿着同一根管道从水箱流出，补上水厂供水的缺口。除了水，水箱内部没有太多其他东西。大多数水箱中都会安装**溢流管**以防过满，**通风口**用于确保水箱内部的大气压强不会随水位而发生变化，避免产生对结构有害的正压或负压，**检修孔**是维护和检查水箱内部的人工入口。

水塔有各种各样的样式，因此人们通常根据水箱的形状或其坐落的塔楼结构来为其命名。**单立柱水塔**和**多立柱水塔**的支架通常全部由焊接钢材制成。**波纹钢立柱水塔**由波纹钢板支撑水箱，塔内空间较大，可以储存设备甚至用作办公室。**柱式水塔**被安装在混凝土支筒上，省去了钢材定期喷防腐漆的维护费用。对于高位供水的城市，这些水塔通常是供水系统运行的核心。水箱中的水位是供水系统压力水平合适、运行正常的主要指标，水位合适才能保证为每个用户提供干净水源。

仔细看

　　大城市的建筑常常过高，导致管网的水压不足以将水送到建筑顶层，所以大多数高层建筑拥有自己的水泵和水箱系统，以确保每个楼层水压充足。有的城市要求在建筑物顶部安装水箱和水泵，以有效地在整个城市范围内分散布局高位储水设施，而不是仅依赖大型水塔。这些屋顶水箱通常由木材制成，因为木材不仅便宜，而且能有效防止水箱内部结冰。钢箍紧紧扣住木板有助于抵抗水箱内的压力，因为水箱底部的水压最大，所以越靠近水箱底部箍条间距越小。

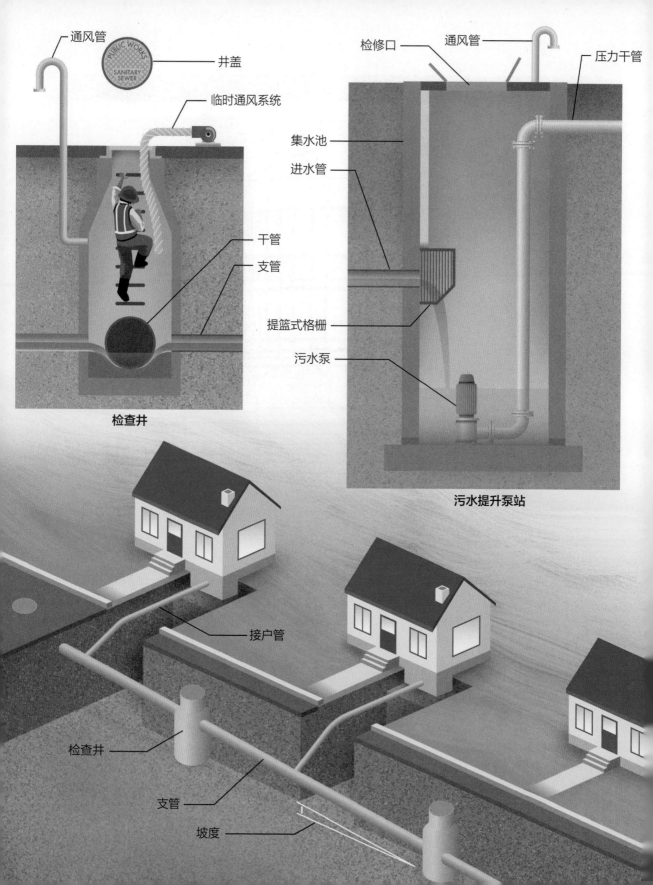

通风管　　　　　　　井盖

临时通风系统

干管

支管

检查井

检修口　　通风管　　　压力干管

集水池

进水管

提篮式格栅

污水泵

污水提升泵站

接户管

检查井

支管

坡度

污水管网和提升泵站

从某个层面来说，人类是肮脏的。我们所有人都在持续地产出污物，如果不能把污物安全地处理掉，它们就会给城市居民带来致命的疾病。把如此多的排泄物从一个地点转运到另一个地点充满了许多技术挑战，特别是还需要悄无声息地完成这件事，所有人都应该为此喝彩。**下水道**（即地下污水管）在地下将这些污物带离公众视线（当然最好也带离我们的嗅觉范围），最初的下水道只是普通的河流或小溪，人们向其中倾倒污物，污物顺水流到下游。这种处理污物的方法显然有一些局限性，比如被污物污染的水通常也是饮用水源。现代的下水道几乎都是埋在地下的管道，可以让污水远离饮用水源，但它起作用的方式仍然与地表水道非常相似。

下水道依靠重力收集并运输污物，污物不断地向下游流动，和废水一起汇合成越来越大的污流。污水管网是树枝状的，从各类建筑中引出的小污水管不断地被连接到越来越大的管线上，直到所有污水都汇合到污水处理厂。连接单个建筑的管道通常被称为**接户管**，连接一个特定街道的管道被称为**支管**，从多个支管收集污水的大管道被称为**干管**或**主管**，管网系统中最重要、最下游的管道通常被称为**总干管**。

倾斜的下水道非常便于污水自流，因为我们不用为重力"买单"，而且污水也不会因为雷雨天气而中断流动。然而，完全依赖重力也会限制下水道的设计和施工。污水流动太快可能会损坏接头和侵蚀管壁；但如果流动太慢，则悬浮物形成的固体沉淀又可能会堵塞管道。我们无法通过改变重力来维持这种均衡的流速，而且我们也无法控制污水量（因为无法左右人们何时如厕），工程师唯一能控制的因素是下水道管径和安装**坡度**。对于每根排水管，工程师都需要根据预计的污水量来仔细确定管道的管径和安装坡比，以确保污水平稳地流向污水处理厂。

每根管道在管径尺寸或方向发生变化的下水道节点（管道的交叉口）都设有供人进入的**检查井**，以便人们进行维护和检查。检查井通常由竖直的混凝土墙壁围成，一直延伸到地表，井内装有爬梯供人员进出。一个很重的铸铁**井盖**可以防止行人和杂物掉进检查井，同时允许车辆从上方通过。检查井有时充当调节管道内气压的通风口，以防有毒气体聚集。当检查井上方容易被洪水淹没时，人们通常会用螺栓固定并密封井盖，以防雨水进入管道。在这种情况下，**通风管**会延伸到设计的洪水位之上，以确保即使在大暴雨期间，管道内气压也不会过高。每当有人进入检查井内进行检修或维护时，都要使用**临时通风系统**提供新鲜空气。

因为下水道必须保持一定的坡度以实现自流，所以管道埋深通常会变得越来越深，特别是在下游端，这导致施工耗时且成本高昂。而且在某些情况下，让下水道顺着坡度不断加深是不可行的，例如在受地质条件限制时。一种解决方案是建设**污水提升泵站**，它可以把未经处理的污水从深处提升到接近地表的高度，然后让其实现自流。污水提升泵站可以是用来处理几栋公寓产出的污水的小型装置，也可以是抽取整个城市污水的大型工程。典型的污水提升泵站由一个混凝土水池构成，它也被称为**集水池**。污水从**进水管**通过重力自流进入集水池，集水池随时间的推移不断被填满，一旦水位达到预定的高度，**污水泵**便会自动启动，将污水抽进**压力干管**。这种间歇性操作可以确保即使在非高峰时段，污水也能在管道内迅速流动，使得污水中的固体不会沉淀并造成堵塞。污水在压力干管中有压流动，到达一个高位的检查井，从这里开始又可以靠重力继续自流了。污水提升泵站常设有多个污水泵，以便当其中一个泵发生故障时，泵站仍可以正常运行。污水泵站通常还配有备用发电机，即使电网断电，污水也可以继续流动。

我们经常认为污水就是人类的粪水，但其实不然，污水是许多不同来源的液体和固体的混合物。许多东西最终都进入了污水中，比如土壤、肥皂、头发、食物、纸巾、油脂和垃圾等。这些东西从马桶或水槽排入你家的管道并顺畅地被冲走，这可能不会有什么问题，但在下水道中，它们可能会聚成一团巨大的杂物团（污水处理专业人士有时称之为**发团**或**油脂块**）。此外，由于越来越多的城市提倡节约用水，污水中的固体浓度呈上升趋势。传统污水泵处理液体没有问题，但要将未经处理的混合着固体的污水抽到地表的高度还是充满挑战的。污水提升泵站使用的污水泵经过特殊设计，能承受额外的磨损，但也没有哪种泵是完全不堵的。

解决堵塞问题的一个方法是在提升泵站的集水池中使用格栅，防止垃圾进入污水泵。每隔一段时间，相关人员就必须从集水池中捞出被拦截在格栅中的垃圾并将其运到填埋场。小型污水提升泵站通常使用固定在滑轨上的**提篮式格栅**，这种格栅可以通过地表的**检修口**来手动提升。大型污水提升泵站一般用自动系统来将固体废物从格栅移入回收箱。解决污水中碎屑问题的另一种方法是将其研磨成更小的碎片。一些污水提升泵站配备有研磨机，用来将碎屑磨碎至不会堵塞水泵的大小，最大限度地减少工作人员维修水泵或清理垃圾的工作量。残留在污水中的少量固体将在下游的污水处理厂中被去除（在下一节中介绍）。

注意看

　　很多污水系统与雨水系统是分开的，后者主要用于排走雨水和融雪。尽管如此，降水还是有可能进入污水系统。雨水流入和渗入污水管网是相关公用事业部门的心头大患，原因只有一个：暴雨期进入下水道的雨水会远远超出排水系统的容量，从而导致未经处理的污水外溢，造成环境问题。因此相关市政管理部门致力于找到雨水流入下水道的通道缺口并进行修补。在城市中，人们通常使用摄影机来定期检查下水道，摄影机可以随远程控制的车辆穿过管道。另一种检查漏水通道的方式是向下水道喷入无毒烟雾，烟雾可以从开口处或缺漏处逸出，此时通过观察即可找到裂开、破损、密封不良的井盖，以及非法连接的雨水排水管。

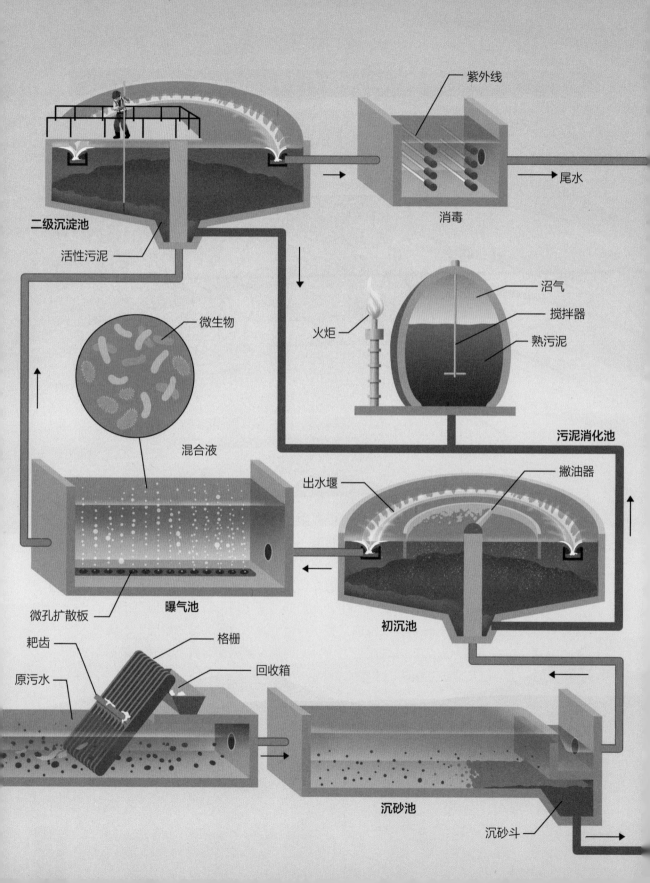

污水处理厂

水几乎可以和地球上的任何元素混合，这在很大程度上解释了水为什么可以如此完美地带走家庭和商业大楼下水道中的废物。在现代社会的环境法规出台之前，城市直接向河流排放**原污水**的做法并不罕见。如今，几乎所有的污水排放系统都依靠污水处理厂来去除水中的污染物，以逆转污染过程，使水可以得到再利用或被释放回环境中。随着技术的不断发展，世界各地的污水处理厂使用各种各样的工艺，本节介绍一些现代污水处理厂最常见的处理方法。许多市政污水处理厂都很乐意向公众开放参观，如果能忍受难闻的气味，你可以亲眼看到每个工艺的运行过程。

在污水处理厂中，许多独立的步骤用于净化污水，其中一些步骤与饮用水处理厂（之前介绍过）中的处理步骤相似，但污水处理厂的处理标准通常较低，因为经处理的水（**尾水**）不会直接供给人类饮用，只要求能够安全地被释放到自然环境中。污水处理厂的第一步是预处理，即从湍急、混乱的水流中物理性地分离污水中的悬浮污染物。**污水**首先流过**格栅**，以过滤大块的碎屑，比如树枝、纸巾和其他混入污水的大块杂物。这个过程涉及很多种技术和工具，比如带自动**耙齿**的格栅除污机，它可以自动地将格栅拦截的栅渣刮进**回收箱**然后作为固体废物进行处理。

接下来就该从污水中分离细小的悬浮颗粒了。污水中的沙子和泥土统称为砂砾，这些颗粒可能会损坏污水处理设备，所以需要在预处理过程中通过单独的工艺将它们去除。污水处理厂使用长而窄的**沉砂池**来减缓污水流速。在这种平静的条件下，悬浮沉积物会沉降到池底，被去除了砂砾的污水则继续流动到出口。人们在一些沉砂池中引入气泡，以帮助较重的颗粒沉入池底；或在一些沉砂池中使用电动搅拌器，以形成旋流或达到类似的效果[1]。用池底的**沉砂斗**收集完沉积的砂砾后再用泵对其进行处理。

预处理的最后一步是采用重力工艺。离开沉砂池的污水仍充满悬浮物，悬浮物主要由较小的有机颗粒、漂浮的油和油脂（浮渣）组成。大多数污水处理厂使用**初沉池**来分离剩余固体，这些大的圆形水池有助于进一步减慢污水流速，允许微小颗粒缓慢沉淀，同时用**撇油器**收集水面漂浮的油污。固体会得到进一步的处理，澄清的污水则通过**出水堰**流向二级处理工艺。

---

1 沉砂池类别很多，引入气泡的被称为曝气沉砂池，电动搅拌的被称为旋流沉砂池。这些附加设备利用曝气或水流的旋流作用，使污水中的悬浮颗粒相互碰撞、摩擦，因此粘附在砂砾上的有机物得以通过摩擦被去除。砂砾更易下沉，而且沉于池底的砂砾也较为干净，更便于处理。

预处理中的物理工艺用于分离污染物，**二级处理**则使用了生物工艺。大自然本来就会自然净化污水，我们只需要模拟这个过程，并且让其在很短的时间内完成即可。大多数污水处理厂利用**微生物**来分解污水中的有机物，这些细菌和原生动物聚在一起消耗污染物，同时留下相对干净的水。在富氧（**好氧**）环境中生存的微生物群落与在缺氧（**厌氧**）环境中生存的不同，不同类型的菌落会消耗水中不同的有机物，所以污水处理厂通常会分别利用好氧生物和厌氧生物来针对性地去除污水中不同的污染物。在好氧处理中，鼓风机向**曝气池**中持续供应空气，空气通过**微孔扩散板**[1]变成气泡逸出；气泡中的氧气混合并溶解到水中，形成富氧环境。

只要生物处理消耗了大部分有机物，含有悬浮微生物絮团的**处理水**（**混合液**）就可以从曝气池进入**二级沉淀池**（二沉池）了。在这里，菌落下沉到池底，以实现澄清液的排放。根据法规要求，许多污水处理厂还有针对特定污染物的三级处理工艺。此外，大多数污水处理厂在排放澄清液前还要进行最终**消毒**，以杀死水中残留的病原体，消毒一般通过氯气、臭氧或强照射的**紫外线光**来完成。污水处理厂的**尾水**通常可以被直接排放到天然河流或海洋中。

沉淀在二级沉淀池中的一些微生物（**活性污泥**）被回流至曝气池，以繁殖下一批菌落，剩余的活性污泥必须被处理。一些污水处理厂直接将活性污泥送到填埋场，但活性污泥的主要成分是有机物，会随时间分解并向环境中释放甲烷等有害气体。与其让这种分解在填埋场发生，不如人为地利用它，所以许多污水处理厂使用**污泥消化池**来处理这些有机固体。污泥消化池将活性污泥转化为**沼气**，用作供暖或发电的燃料，处理后的**熟污泥**（**生物固体**）则可以在干燥后被填埋或用作肥料。污泥消化池通过**搅拌器**来保持活性污泥的混合，池上方的大穹顶可以收集生成的沼气，**火炬**则作为安全措施的一种。如果产生的沼气过多而且无法存储，操作人员会用火炬燃烧多余的沼气，将有害成分转化为可以被释放到空气中的安全气体。

---

1 微孔扩散板只是空气扩散装置的一种，空气扩散装置还有多孔管、固定螺旋曝气器、水射器等型式。

注意看

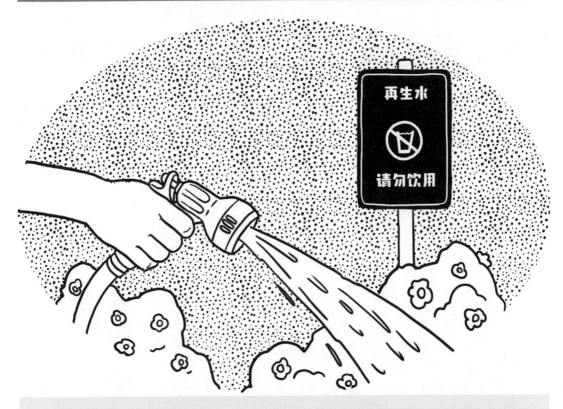

　　污水中 99.9% 的成分都是水，对城市来说水是一种宝贵的资源。在缺水地区，将城市污水处理到可利用的程度再加以使用，而不是直接排走，是非常划算的。世界上有一些地方直接回收污水并在做净化处理后将其作为饮用水（有的人称这个环节为从厕所到水龙头），即将污水净化到饮用水标准，然后重新引入供水系统。然而，大多数再生水达不到饮用标准。不过，很多场景不一定要用饮用水，比如工业流水线、高尔夫球场、运动场及公园的灌溉等。现在许多污水处理厂被视为再生水厂，因为它们不再向河流或河道排放尾水，而是将尾水用泵输送给可以使用它的用户，这样可以减少城市对饮用水供应的压力。在许多国家中，非饮用水的供水系统管道用紫色标示，以防混淆。此外，有的再生水用户有必要张贴"再生水、请勿饮用"等标志来警示他人误用。

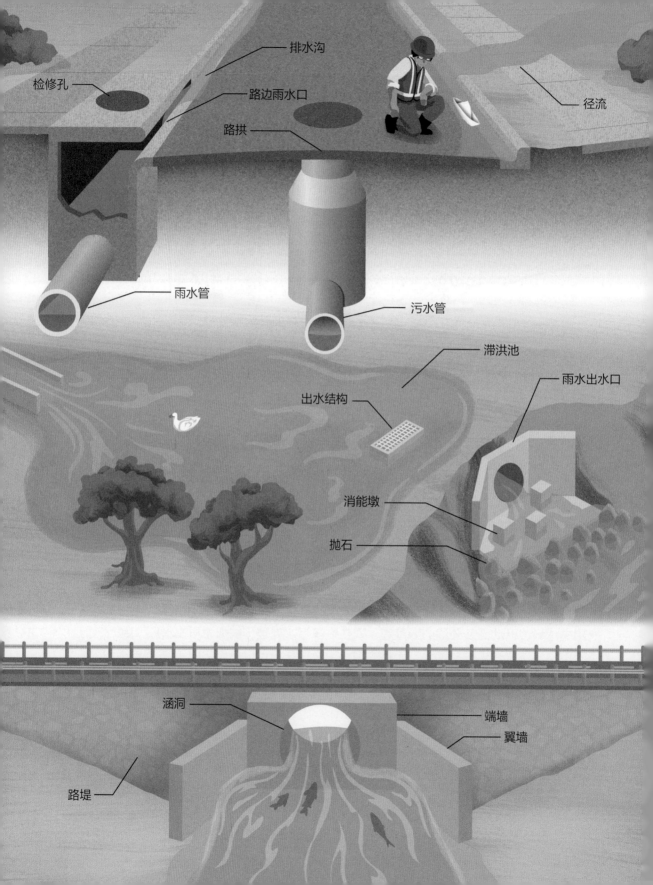

排水沟

检修孔

路边雨水口

路拱

径流

雨水管

污水管

滞洪池

出水结构

雨水出水口

消能墩

抛石

涵洞

端墙

翼墙

路堤

雨水管理

城市建设对环境最重要的影响之一是它改变了暴雨来临时雨水在地表和地下的流动方式。所有的街道、人行道、建筑和停车场都被人工建造的不透水地表所覆盖，因此雨水无法下渗，只能汇流到附近的小溪和河流，致使河道水位快速上涨，同时也带来更多的污染。天然流域可以像海绵一样吸收降落的雨水并减缓其流速，城市流域则像漏斗一样汇聚**径流**。自人类开始居住在城市以来，雨水和洪水就是一个永恒的难题，最初的解决方案是尽快排水。如今的解决方案仍离不开**排水**这个词，无论是小雨还是大雨，我们都必须设法让径流有处可去。

在大多数城市布局中，街道成为降雨的第一流动路径。各个地块都向道路倾斜，以免建筑周围因积水太多而造成问题。好在人们在标准的城市道路中心设有**路拱**，在路两侧设有供雨水流动的**排水沟**。这使得道路可以保持干燥，保证了车辆的安全通行，同时排水沟还为**径流**提供了排水通道。最终，道路会自然地到达一个最低点，然后开始上坡，引导雨水汇流到排水沟。在极端天气下雨水径流量可能过大，超过排水沟的容量。要彻底排出这些水，可以直接将排水沟从街道接入天然水系，但实际上，在空间有限的城市区域，雨水通常都是被引入地下排水管网排走的。

过去，直接将街道的所有径流排入污水管网是很常见的，可惜污水处理厂通常没有这么大的处理能力来处理污水和倾泻而来的雨水的混合物。在最糟糕的情况下，污水处理厂无法处理和储存污水，不得不直接向河道排放未经处理的污水，进而导致环境污染，这就是现在很多城市将**雨水管**和输送废水的**污水管**分开的原因。雨水通常流过**路边雨水口**或地面格栅进入**雨水管**，雨水口设置在道路的最低点（**下凹点**），或沿坡度按一定的间距布置。许多雨水口还包括**检修孔**，以便清洁和维护。为了将雨水排走，一根雨水管串联起每个雨水口。每根雨水管的大小和斜率都是以实现重力自流为目的而设计的，这类似于污水管需要按承载的特定量废水来设计。

雨水管网像自然河流系统一样不断汇合，它的终点是那些将雨水排入天然河道或海洋的**雨水出水口**。在雨水出水口处，人们经常设置**消能墩**或**抛石**，以防排出的湍急水流侵蚀自然土壤。与接入污水处理厂的污水管网不同，大多数雨水径流会被直接排放到环境中，因此城市管理者通常会警告公众不要向路边雨水出水口倾倒废物，以免造成环境污染。

雨水管网将雨水快速排出街道，减少了局部积水的发生，然而，城区雨水的快速涌入加速了天然河道洪水的发生。许多城市通过扩大河道断面、整直河道和在河道中使用混凝土衬砌来增加天然河道的行洪容量，这种设计方式通常被称为渠化。渠化加快了雨水的流速，有利于降低河道的水深，缩小洪水的威胁范围。但它也有缺点，丑陋的混凝土渠道破坏了城市景观，渠化也会加剧河道下游的洪水灾害，破坏原河道的生态环境。大多数城市管理者已经认识到，加宽天然河道和给天然河道加衬砌的做法，对城市发展来说都不是解决持续增加的雨水径流的最佳途径。

因此，现在很多城市要求开发商对自己给雨水径流流量和水质造成的影响负责，而不是依赖市政工程，这就涉及开发商在将雨水排放到河道之前应当如何临时储存这些雨水的问题。调蓄池、**滞洪池**等设施派上了用场，它们作为永久水池，通常是无水的。在雨水期，它们发挥着迷你海绵的作用，吸收从建筑、街道和停车场涌出的所有雨水，然后再缓慢地通过**出水结构**将雨水释放到河道，将峰值流量降低到所有建筑和停车场地建成前的水平。调蓄池和滞洪池减缓了雨水流速，有利于雨水中的悬浮颗粒沉淀，减少了污染。

高速公路通常不采用地下排水，因为不经济，相反，我们通常把高速公路建在**路堤**的天然地面上，用路堤两侧与道路平行的排水沟排泄雨水。当高速公路跨越重要的河流或溪流时，我们通常需要建造桥梁，但在次要河道和地形低洼处建造桥梁是不经济的。因此，当高速公路与次要水系交会时，**涵洞**被用于排放从高速公路一端流向水系一端的水。工程师会选择合适的涵洞管径，以降低雨水漫过高速公路的可能性。**端墙和翼墙**支撑着路堤，同时引导雨水进入涵洞。设计不恰当的涵洞虽然也能过水，但会阻碍动物的行动，所以工程师常与生物学家和环境学家合作，以确保涵洞不仅可以过水，也可以让水中的动物穿过。

注意看

　　人们在城市排水基础设施上已经取得了长足进步，但仍然将雨水视为一种需要排除的废物，这是不合理的。实际上，雨水也是一种资源，自然流域不仅将径流带向下游，也为野生动物提供栖息地。自然流域通过天然植被来净化和过滤径流，将雨水导入地下以补给含水层。这在源头上减缓了水流的流速，减少了洪水流量，而不是像现在的城市流域，一味地让雨水快速冲刷街道并汇流。许多城市开发区正在朝着复制和重建自然流域的方向前进。在美国，通过源头管理来减少径流量和污染的尝试统称为低影响开发，包括雨水花园、绿化屋顶、透水路面、用于过滤地表径流的植被带等措施，以及其他能协调建设环境和原有水文、生态功能的方法。低影响开发还包括更优的洪泛区管理方式，将土地用于不易受洪水影响的用途，如修建公园和小径等。

8

施工

简介

所有基础设施都有一个共同点——必须通过施工来实现。毕竟你不能在商店的货架上买到下水道系统或电网。相反地，这些复杂的基础设施都需要借助人力、机械，在现场建造成形。施工可能会令人感到烦恼，也可能会令人欣喜，这取决于你的视角（或是否影响你的通勤）。施工现场虽然经常看似嘈杂、混乱，而且进展缓慢。然而，超大型设备和紧张有序的工程推进会唤起细心的观察者的好奇和敬畏之心。没有什么比通过辛勤劳动来让原材料变成有用的结构更吸引人了，在路过喧嚣的施工现场时，一个人很难做到不被里面持续的骚动所吸引。

施工现场尽管看似杂乱，但其实乱中有序。每个工人、每台设备都有明确的分工，单个成就可能看似微不足道或者很单调，但"不积跬步，无以至千里"，施工呈现的结果往往令人震惊（如前几章所示）。观察施工现场可以是一次机械和设备的发现之旅，也可以是一次工程稳步推进的见证之旅。无论选择如何观察，你在施工现场总能发现有趣的东西。

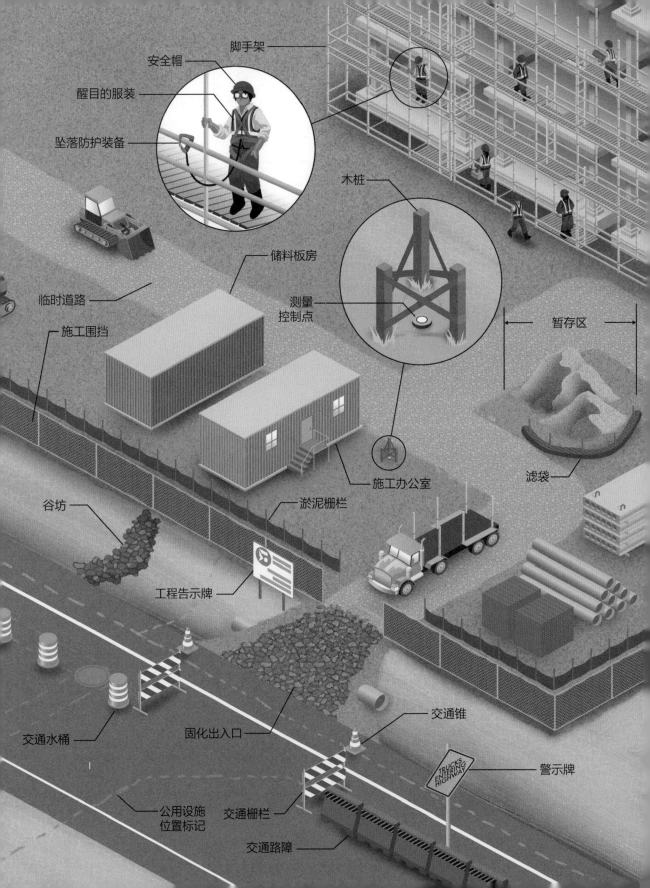

脚手架

安全帽

醒目的服装

坠落防护装备

木桩

临时道路

储料板房

测量控制点

施工围挡

暂存区

滤袋

谷坊

施工办公室

淤泥栅栏

工程告示牌

交通水桶

固化出入口

交通锥

警示牌

公用设施位置标记

交通栅栏

交通路障

TRUCKS ENTERING HIGHWAY

典型施工现场

无论是建设公路、桥梁、水坝、管道，还是任何其他基础设施，施工现场乍看之下可能只有一堆杂乱的机械和复杂的操作。然而，仔细观察，你就会明白它的规律。尽管每个施工项目都是独一无二的，但施工现场总是惊人地相似。

在施工开始之前，测量人员必须在现场确定项目的位置。测量人员在扰动区域之外确定**测量控制点**，以便在施工开始后将其作为参考。在确定测量控制点时通常需要向稳固的混凝土或沥青层中打入钢钉，或在土壤中植入铁棒。测量人员用**木桩**和塑料警示带等标示测量控制点和其他施工关键要素。公路和管道等线性施工项目通常使用被称为桩号的坐标系统。在美国，每个桩号相当于 100 英尺[1]，建筑工地结构中心线上的位置通常用"站点简称和距离"来标记，这是一种常见的标记方法（例如"桩 12+50"表示中心线上距离起点 1250 英尺的位置）。

除了测量和定位之外，所有地下公用设施都需要被标记出来，以确保挖掘机不会无意损坏其他地下管线。勘测人员一般用彩色喷漆在地面上画出**公用设施位置标记**，在世界上许多地方，标记颜色是有统一标准的[2]。例如，红色表示电缆，橙色表示通信，黄色表示天然气，绿色表示下水道，蓝色表示饮用水，等等，而白色则表示施工期间需要开挖的范围，粉红色留作测量标记专用。

在施工场地上，你可能首先注意到的是**工程告示牌**，此牌用于标示参与建设的公司，公示项目的名称和目的，同时张贴其他重要信息，例如建筑许可证等。[3]

除结构本身的占地外，施工现场的大部分空间都用于转运和储存材料。重型设备和大型卡车需要空间来转运、装卸货物，但这些大型车辆直接在地面行驶通常会让道路变得泥泞，尤其是在雨后。因此，承包商通常会在工地上建设**临时道路**，保持施工现场交通的畅通。

---

1 1英尺约为0.3米，此处以美国桩号的使用为例，故不转换单位。在我国，每个桩号相当于1000米，比如"K12+500"，表示结构中心线上距离起点"12千米+500米"的位置，其中字母K可以无含义，也可以是项目或结构的简称，必要时也可用汉字，如"渠12+500"，用以标示渠道中心线上的桩号。桩号不一定是整数，有时为了标明某一特殊位置，也常用非整数，如"K12+555.38"。

2 我国并未明确规定为避免施工造成损坏，公用设施应采用何种颜色的喷漆。

3 我国规定施工现场必须设有"五牌一图"，即工程概况牌、管理人员名单及监督电话牌、消防保卫牌、安全生产牌、文明施工牌和施工现场总平面图。

此外，大多数工地还设有一个**暂存区**，用于装卸和储存将在项目中使用的设备和物资。

尽管乍看之下建筑工地似乎有很多闲散人员，但其实所有人都是不可或缺的，任何从事过工地工作的人都可以告诉你这是一项具有挑战性的工作。施工现场的人大多数都是熟练的工匠，如泥瓦匠、木匠、焊工、油漆工和钢筋工等。此外，你可能还会看到一位监管项目的监理，一位确保施工符合项目图纸和规范的质检员，以及预防和处理安全事故的安全员，安全员会在任何危险可能造成伤害之前解决它们。

因为有很多大型的车辆、危险的工具，以及高危和高空作业的需求，所以施工现场遍布危险。你可以在工地上观察到许多与人员安全相关的要素，个人穿戴的**防护装备**就是其中之一。工人和其他工作人员需要戴**安全帽**，以防头部遭受坠落物或突出物的伤害。同时还需要穿**醒目的服装**，这些服装具有鲜艳的色彩和反光的条纹，以免工人因不被发现而发生事故。在高处作业时，**脚手架**用于提供临时平台，以便工作人员到达难以触及的区域。工人还需要穿戴**坠落防护装备**，包括背带和绳索，以免在高空作业或深挖作业时坠落。

除了保护工人安全之外，建设项目还必须考虑公众安全。大多数工地都设有护栏，以免行人误入危险区域，有时也会设置**施工围挡**，防止大风吹起灰尘，而且围挡还可以防止昂贵的工具和设备被盗。

公路项目的公共安全尤为重要，因为公路项目通常需要封闭车道或让车辆绕行。承包商通常用**交通锥**、**交通水桶**、**交通路障**和**交通栅栏**来重新引导车辆，使其远离施工活动。**警示牌**和交通路障总是橙色的，以便驾驶员可以轻松地将它们与其他标志区分，谨慎地通过施工区域。

施工不仅仅是一眼能看到的体力劳动和电动工具，与其他工作一样，很多施工工作都发生在办公室里，例如订购材料、审阅图纸、开会和回复电子邮件。在大型项目中，承包商通常在工地上保留整个办公团队，以保障施工工作顺利推进。你可能会看到一个或多个活动板房被用作承包商、工程师或业主的临时**施工办公室**，工地上也有专门用于储存工具和材料的**储料板房**。

施工对土壤的扰动会造成一个麻烦，即雨水可以很容易地冲刷无保护的土壤并使其成为水中的悬浮沉积物——一种污染物，这让天然水体的水质变差，并且影响到了野生动物的栖息。因此，大多数施工项目需要用设施来控制雨水径流，防止雨水携带土壤流出工地。**淤泥栅栏**和**滤袋**[1]可以减缓径流速度，使悬浮物沉淀下来。碎石的**固化出入口**用于在车辆离

---

1 淤泥栅栏和滤袋在我国较不普遍，我国常用的措施在国外也较少使用，如常用于减少扬尘的防尘网。

开工地前敲打和清理车辆轮胎上沾上的大量泥土。最后，沟渠中会设计**谷坊**，以防水流汇合，从而减少雨水侵蚀的可能性。

注意看

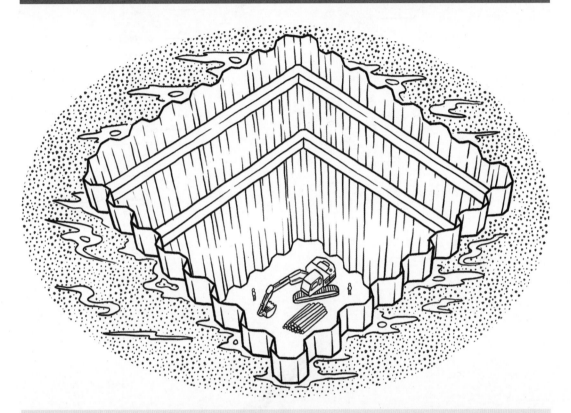

　　许多基础设施的地基都位于水下，比如码头、桥梁和水坝等，导致人和机械都无法高效作业，因此建设这种地基是一个巨大挑战。很多水下施工都需要先排除水的干扰（这个过程被称为基坑排水），然后在干燥条件下作业。通常，一个被称为**围堰**的结构临时用于将水拦在施工区域以外，围堰通常包括土质或堆石堤坝、互锁的**钢板桩**、带有塑料膜的钢架，或者注满水的橡胶水囊。围堰并不总是完全防水的，所以围堰内需要持续用水泵进行排水，以保持干燥。施工完成后便可拆除围堰，让地基重新回到原来的水下状态。对于河流和渠道上的施工，还需要考虑导流问题，即让水流绕过该施工场地。可以根据河道的流量使用水泵进行抽水，引导水流绕过施工场地，或修建临时渠道、隧道来过流；也可以选择分期进行施工，每期只占用一部分河道，水流可以通过施工未占用的部分河道来过流。

起重臂

小车

起升

平移

变幅

副臂

起重臂

吊钩

拉索

驾驶室

转台   回转

配重

爬升套架

塔架

塔式起重机

伸

缩

伸缩起重臂

轮胎

外伸支腿

垫木

轮胎式起重机

履带

履带起重机

起重机

所有施工都可以被归结为材料的流转，即接收、储存、移动和安装一个项目的每一个交付构件。当然，这些工作的绝大部分可以通过人力来完成，但是建筑行业的人都知道，很多事情只有起重机才能完成。很多工地的问题不在于是否要用起重机，而在于使用程度，以及要用什么类型的起重机。起重机作为建筑行业的支柱，使得提升和安装远超人力所能移动且更大也更重的材料及组件成为可能，也使得现在的施工比以往任何时候都更快、更高效。

施工现场有许多类型的起重机，每种都有自己的优势。但起重机通常分为两大类：**移动式起重机**和**固定式起重机**。移动式起重机配有轮子或履带，可以移动到工地的不同地方。**履带起重机**拥有带履带的底盘，是施工现场最大、最强的移动式起重机。它通常配备有可以伸得很长且很高的钢制**起重臂**，最大的起重臂常由桁架（钢条制成的格子架结构）构成，强度高、质量轻。此外，许多制造商还提供可以安装在起重臂末端的**副臂**，从而进一步延伸起重机的作用范围。履带起重机不允许在公路上行驶，所以通常由卡车运到工地进行组装。

与履带起重机类似，**轮胎式起重机**也安装在可移动底盘上，只是使用橡胶**轮胎**而非履带。轮胎式起重机最适合进入偏远和具有挑战性的地点。轮胎式起重机通常比履带起重机更小，可以更快就位，并且能进入其他起重机无法进入的空间。许多轮胎式起重机配备有**伸缩起重臂**，可以伸出**起重臂**以延伸作用范围。其可以在承载负载时（缓慢地）行驶，可以在施工现场长距离移动重物。当然，还可以使用**外伸支腿**在固定地点进行操作，外伸支腿用于将底盘抬离柔软的轮胎来稳定起重机，进而让起重机的起重能力明显提高。**全路面起重机**的工作方式和轮胎式起重机类似，但它可以在街道和高速公路上行驶，不必用卡车运到工作地点。其通常是移动式起重机中最小的一种，但也是最实用的。

固定式起重机被安装在固定位置，在项目的部分或全部施工期内保持原地不动。在施工现场，最常见的固定式起重机是**塔式起重机**（塔吊），由垂直的**塔架**和从塔顶水平伸出的**起重臂**组成。起重臂可以在**转台**上围绕塔架向任意方向旋转。操作员可以在**驾驶室**操作起重臂上的**小车**，将**吊钩**放到任何需要的位置。

安装塔式起重机本身就是一项壮举，所以塔式起重机通常只用于长周期项目，比如建造高楼。塔式起重机通常有钢筋混凝土基础，需要用另一台起重机来组装和拆卸，一些塔式起重机可以自我爬升，让塔架随建筑的升高而升高。**爬升套架**被嵌固在塔身上，用于在塔架的两个部分分离时将其固定，以及提起起重机的上部。接下来，起重机自己提起新的标准节，将其放入爬升套架的开口，并用螺栓将其固定在塔身上，这样塔式起重机就增加了一节。多次重复这个操作，就可以使塔式起重机达到所需高度。

所有起重机的主要目标都是移动重物，将其从一个位置移动到另一个位置，它们移动重物的方法有许多种。几乎所有起重机都有一个导向滑轮，上面缠绕着钢丝绳，钢丝绳绕导向滑轮转动以提升重物，这被称为**起升**。除了起升外，一些起重臂还可以俯仰，通过钢索或液压缸改变起重臂的倾角。起重臂在带着重物一起俯仰时，可以改变物体距离起重机中心的距离，这个可变范围即为**变幅**。一些起重机可以分别实现主臂变幅和副臂变幅，以提供更大的移动范围。主臂或副臂的水平转动通常被称为**回转**。伸缩式起重臂可以通过**伸缩**活动臂来变幅，塔式起重机的小车向内或向外**平移**即可实现变幅。

地面指挥员告知起重机操作员需要连接、固定、提升和放置哪些东西。如果没有对讲机，可以用标准化的手语来指挥操作员完成操作。必要时，地面工作人员需要用**拉索**来控制物体或防止其旋转。

起重机在施工现场至关重要，但也很危险，目前有大量的工程措施用于防止其倾倒。轮胎式起重机的**垫木**（起重机垫）用于分散起重机的巨大压力，防止起重机的外伸支腿因陷入地面而发生倾倒。塔式起重机有铸钢或混凝土制成的**配重**，用于平衡吊钩上的荷载，以减小起重机的倾覆趋势（达到**力矩平衡**）。最后，在大风天气，移动式起重机通常会收起起重臂，塔式起重机会解除制动，使臂架可以随风转动，而不是与大风抗衡。

注意看

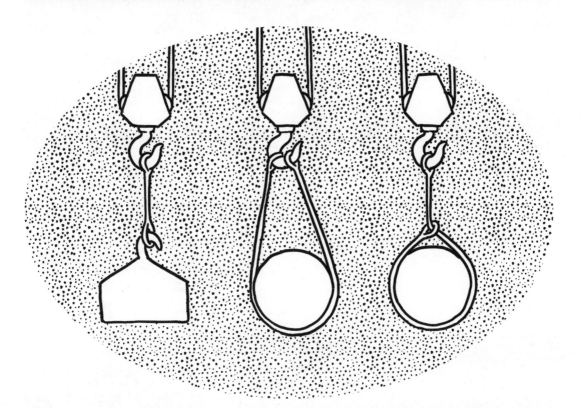

　　大多数起重机的吊钩用于连接负载，但需要吊装的物品很少有直接挂钩的位置，难以完美地挂在巨大的钢制吊钩上。把负载连接到起重机上，使其可以被吊起并移动的操作叫作**吊装**。吊装中最常用的工具是**吊装带**——一段简单的钢缆、链条、绳索或织物带，两端均有环眼或挂钩。吊装带通常有三种基本使用方式。在垂直绑缚中，吊装带的一个环眼被连接到吊钩上，另一个被连接到负载上。在兜绳绑缚（吊篮拖挂）中，吊装带从负载下方穿过，两个环眼都被挂在吊钩上。在缠绕绑缚（缠绕拖挂）中，吊装带的一个环眼被包裹在负载上并穿过另一个环眼，然后被连接到吊钩上。不同的吊装方法匹配不同的额定载重，各具优劣。下次你在看到起重机吊装负载时，请看看它使用的是三种吊装方式中的哪一种。

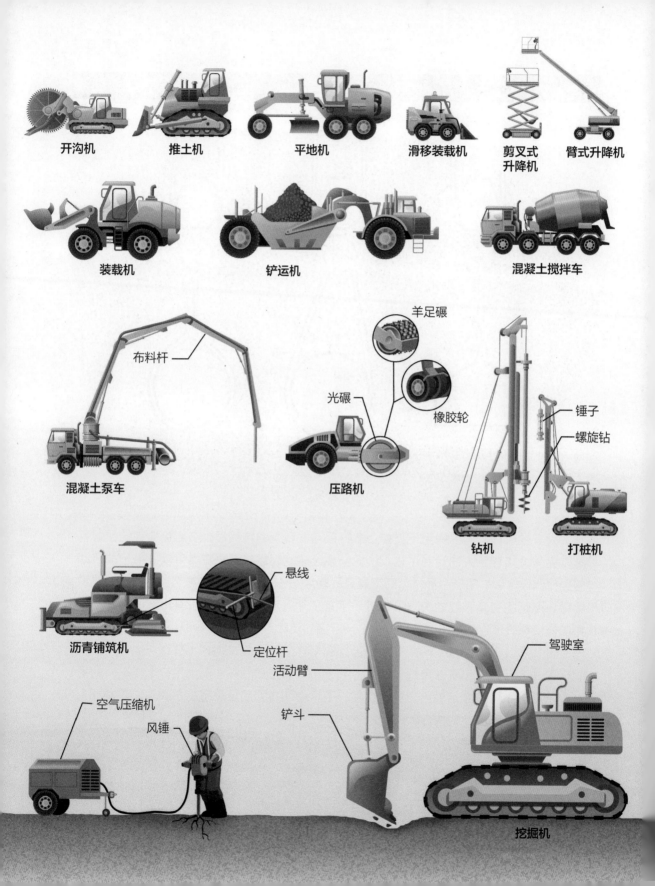

开沟机 推土机 平地机 滑移装载机 剪叉式升降机 臂式升降机

装载机 铲运机 混凝土搅拌车

布料杆 羊足碾 锤子 螺旋钻

光碾 橡胶轮

混凝土泵车 压路机 钻机 打桩机

悬线 驾驶室

定位杆 活动臂

沥青铺筑机 铲斗

空气压缩机 风锤

挖掘机

施工机械

没有什么比重型设备更能解放人力了。除上一节所述的起重机外，建筑工地上还使用了各种机械，以提高施工作业的速度和效率。虽然对我们来说，施工机械似乎只意味着锤击声和倒车警报声，但如果没有它们完成搬运、压实、装卸、钻孔、运输、拆除和修建等操作，现代的建筑和基础设施就无法存在。当然，讲清楚建筑工地上的每一个设备可能比较难，但如果留心观察，你一定会发现下面所讲的这些。

许多施工机械用于土石方工程，即转移、安置土和石料。由于用途广泛，**挖掘机**常出现在建筑工地上，它带有**铲斗**、**活动臂**和可旋转的**驾驶室**，当然还有许多其他附件和结构。挖掘机的液压油缸可服务于各种功能，包括挖掘坑洞和沟渠、清除残渣，甚至像起重机一样提升和堆放物体。它有许多种不同的型号，小至被安装在皮卡车后可装箱的微型挖掘机，大至无法通过高速公路被运输到施工现场的巨型机器。**开沟机**是另一种专门用于挖掘的机械，其带齿轮或链条的滚筒用于在土中切割出长沟，以便敷设管线、排水系统、电力线路和其他直线状的公用设施。

推土机配备大型刀盘，用于推移材料。它可以清除工地上的灌木、小树苗和漂石，可以将土方推移一定的距离并将其铺填在一大块儿区域上。**平地机**和推土机一样，也有大刀盘，但平地机精度更高，可以高精度地平整土地。**装载机**就不配备刀盘了，而是配备一个大型铲斗，用于挖掘和运输更多土壤。从用于小施工场地的**滑移装载机**，到用于矿山的大型轮式装载机，它们的型号各不相同。当大量土方需要在工地内移动时，**铲运机**是较为合适的选择。它像木工的刨子那样切入土体，将土料填满车斗，然后将其直接运输和堆放到指定地点，因而人们无须将土料转移到自卸卡车等运输车辆上。

许多施工机械专门用于道路工程。**沥青铺筑机**用于在道路、桥梁和停车场等地方铺设沥青，进而建造混凝土路缘、排水沟、护栏和高速公路等。自卸卡车或装载机将沥青或混凝土送入这些机器，后者利用一系列机械装置一边移动一边生成平整的结构。铺设混凝土结构的铺筑机采用滑模工艺来连续建造出路缘石、高速公路护栏等构件。鉴于路基并不总是完全平整的，许多铺路和滑模设备都配备了一根沿着测量人员设计的**悬线**移动的**定位杆**。悬线是由测量人员根据道路工程设计中的对准线来设计的。定位杆负责控制铺筑机的方向和高度，以确保路面或其他结构平滑连续。

混凝土结构可以自行凝固硬化，但土料和沥青必须被压实，以提高道路承载力，在大型项目中，这个任务通常是由**压路机**来完成的。压路机是一种带有一个或两个平滑滚筒（**光**

碾）的重型车辆，在土壤或沥青上进行滚动和挤压。在一些压路机中，数个**橡胶轮**用于代替滚筒来不断挤压和揉搓路基或沥青，以加速压实过程。类似地，用于黏性土壤的压路机有时使用带凸痕的滚筒（即**羊足碾**）来实现同样的目的。此外，许多压路机都是可以边振动边碾压的，这可以提高压实能力。

桩是工程项目中另一个常见组件，是打入或钻入地下的竖直结构，用以形成挡土墙或者桩基础等。**打桩机**使用大型**锤子**或振动机构，将钢桩或混凝土桩打入地下。如果是钻孔灌注桩，则**钻机**使用**螺旋钻**或其他钻孔设备来钻孔，孔内浇筑完成后即可形成混凝土桩。

许多施工项目的工地需要将湿混凝土浇入模板（俗称打灰）。你可能见过**混凝土搅拌车**，它将混凝土从拌和站运送到工地。搅拌桶内有螺旋状刀片，当桶朝一个方向转动时，刀片会充分搅拌混凝土，防止混凝土在运输过程中凝固。当搅拌桶反向转动时，混凝土会被推到简体后部排出。一些项目可以直接从混凝土搅拌车取用混凝土，但有时混凝土需要被运送到难以进入的位置，这时混凝土搅拌车可以将混凝土排入**混凝土泵车**，通过管道输送湿混凝土。一些混凝土泵车配备了铰接式**布料杆**，可以更精确地将混凝土输送到需要的位置。

另一类被称为升降机的施工机械的目的很简单，就是安全地将作业人员移至高处的作业位置。**剪叉式升降机**由一个操作员可驾驶的移动底座和剪叉式支架支撑的垂直升降工作台组成，由于只能垂直升降，剪叉式升降机无法绕开障碍物。**臂式升降机**利用液压臂支承工作台，操作自由度更高，更容易进入工地那些较难触及的区域。

当然，建筑工地上除了许多车辆外，工人们还使用各种动力手持工具。最重要的施工工具大多是气动的（即需要用压缩空气来提供动力），所以需要配备**空气压缩机**。建筑工地上经常看到的拖车式空气压缩机，可以为**风锤**、风钻、砂轮机、钉枪等许多工人使用的工具提供动力。

注意看

　　随着新技术的应用，施工设备的能力正在迅速提高。一个重要的创新彻底颠覆了土方工程施工，那就是全球定位系统 (GPS)。虽然施工现场对地图导航的需求不算大，但 GPS 技术还是可以满足许多种特殊的应用需求，远远超过了我们生活中的汽车导航。GPS 设备让你知道机器在工地的确切位置，以及相对的最终标高（地面的期望高度）。传统施工项目需要由测量员来仔细划定土方工作的位置和范围，有时在整个作业过程中要测量很多次。GPS 设备使用项目的数字模型和机载接口，向操作员清晰地展示机械如何往下走。在某些情况下，GPS 设备甚至可以自动控制机械的刮板或铲斗。许多系统要求在机器上安装多个圆盘形天线，因此人们很容易辨别出哪些设备正在利用 GPS。